PALÉONTOLOGIE

MONOGRAPHIES

LES BOSÉLAPHES RAY

PAR

A. POMEL

CORRESPONDANT DE L'INSTITUT

ALGER
IMPRIMERIE P. FONTANA ET Cⁱᵉ, RUE D'ORLÉANS, 29

1894

CARTE GÉOLOGIQUE DE L'ALGÉRIE

ETANT DIRECTEURS MM. POMEL ET POUYANNE

PALÉONTOLOGIE

MONOGRAPHIES

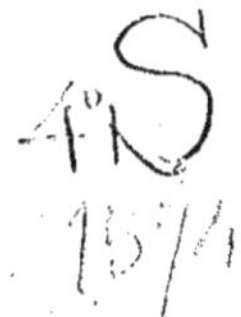

PALÉONTOLOGIE

MONOGRAPHIES

LES BOSÉLAPHES RAY

PAR

A. POMEL

CORRESPONDANT DE L'INSTITUT

ALGER

IMPRIMERIE P. FONTANA ET Cⁱᵉ, RUE D'ORLÉANS, 29

1894

PALÉONTOLOGIE — MONOGRAPHIES

LES BOSÉLAPHES RAY

(BUBALES LAURILL.)

PAR

A. POMEL

CORRESPONDANT DE L'INSTITUT

OBSERVATIONS PRÉLIMINAIRES

Laurillard, dans son article antilope du dictionnaire universel d'histoire naturelle de d'Orbigny, avait réuni en un seul sous-genre celui de Bubalus, un certain nombre d'espèces caractérisées ainsi : « Cornes grandes implantées loin des yeux, vers le milieu du front, comme chez les buffles ». Si on en extrait *Anoa depressicornis,* Ham. Smith, qui est plutôt un buffle, les autres espèces ont entr'elles de grandes analogies, qui justifient l'opinion de Laurillard. La structure des dents, la forme des os des membres, les cornes au sommet de la tête, etc., autorisent leur réunion en un seul grand groupe assez distinct des autres antilopes pour constituer un genre autonome faisant transition des vrais antilopes aux bovidés.

La désignation adoptée par Laurillard date de 1849 ; un peu plus tard, en 1851, Duvernoy l'a appliquée aux buffles, considérés comme

6

type générique. Mais bien antérieurement Ray avait proposé le nom
de *Boselaphus* pour le bubalis et ce n'est que plus tard que de Blainville donna ce nom au gnou, tandis qu'il attribuait celui d'*Alcélaphe*
au bubalis. Plus tard encore H. Smith donnait le nom de *Bosélaphe*
à l'antilope oreas, en même temps qu'il consacrait au gnou celui de
Catoblepas.

Il résulte de cette discussion que le nom de *Boselaphus* est le plus
ancien qui ait été appliqué au bubalis comme genre et c'est celui que
j'ai adopté pour titre de cette monographie, parce que il peut être
aussi bien applicable et a été appliqué au gnou, dont les affinités
bovines sont incontestables ; cependant ce dernier animal est assez
différent du bubalis pour en être distingué en sous-genre particulier ;
il est, en effet, encore plus voisin des bovidés que le bubalis ; et chacun de ces deux types forme un petit groupe d'espèces très compacte
et presque homogène, constituant un degré spécial d'organisation,
bien jugés par de Blainville qui faisait deux genres de ces deux types.
Toutefois cet auteur, n'ayant pas tenu compte des dénominations
antérieurement appliquées, les noms imposés par lui sont inaccep-
tables en nomenclature ; celui de bosélaphe doit remplacer celui
d'Alcélaphe, pour l'antilope bubalis et l'antilope gnou doit recevoir
un autre nom pour lequel H. Smith a proposé celui de *Catoblepas*,
qu'il y a lieu de discuter.

Ce nom de *Catoblepas* est tiré de l'histoire naturelle de Pline et a
été appliqué bien à tort à cet animal auquel, ce qu'en dit l'auteur, est
absolument inapplicable.

Au livre VIII, chap. 22 (page 380 de mon édition avec traduction
française), il est dit :

« Apud hesperios æthiopes fons est Nigris ut plerique existima-
runt, Nili caput argumenta quæ diximus persuadent. Juxta hunc fera
appellatur Catoblepas, modica alioquin, cæteris que membris iners,
caput tantum prægrave ægre ferens ; id dejectum semper in terram ;

alias internecio humani genere, omnibus qui oculos ejus videre con-
festim expirantibus ».

Traduction de ce passage : — Chez les Éthiopiens hespériens est la
source Nigris, où le fleuve du Nil prend naissance, selon l'opinion de
plusieurs, opinion confirmée par les raisons convaincantes que nous
avons apportées. Vers cette source du Nil se trouve une bête sauvage,
assez petite, nommée Catoblepas, dont tous les membres semblent
engourdis et qui même peut à peine supporter sa tête. Aussi la tient-
il assiduement baissée contre terre et bien en prend à l'espèce
humaine ; car tous ceux généralement dont les regards rencontrent
ceux de cet animal sont frappés de mort subite ». (Traduction de mon
édition).

Or pour tous ceux qui ont vu le gnou, si agile, si violent, lorsqu'il
se précipite, tête en avant, contre le grillage de son parc, au Jardin
des Plantes de Paris, il est impossible d'y reconnaître cette bête à
membres inertes (engourdis dit la traduction), à tête assez lourde,
pour qu'il la porte avec peine et la tienne toujours déjetée sur la terre ;
tandis que dans le gnou la tête est plutôt petite pour le volume du
corps et que l'animal n'a aucune peine à la porter sans l'appuyer sur
le sol.

Il y a au contraire, dans la région dont parle Pline (Nili caput), un
animal presque hideux, petit, à tête énorme pour son corps, et qu'il
pose fréquemment sur le sol, s'appuyant sur les genoux comme s'il
avait de la peine à la porter ; sa stature mérite d'être dite *modica* et
ses membres qualifiés d'*iners ;* sa face est assez hideuse pour repous-
ser le regard ; cet animal est le phacochœre qui, en ménagerie,
réveille immédiatement l'idée de l'animal dépeint par Pline. Il ne me
paraît pas possible d'hésiter à refuser au gnou son identification avec
le *Catoblepas* de Pline et par conséquent de lui attribuer cette déno-
mination.

Forster ayant parlé de cet animal sous le nom de *Bos connochœtes,*

Lichtenstein lui a emprunté ce nom spécifique à titre de nom de genre qui pourra être accepté, puisqu'il est actuellement le seul disponible et passablement convenable pour la physionomie de l'espèce-type, le gnou. Nous adopterons donc le genre

BOSÉLAPHE RAY (Bubalus Laur.) subdivisé en 2 sous-genres :
1° Connochœtes Lisch. (Catoblepas H. Smith) ;
2° Bosélaphe Ray (Alcélaphe Blainv.).

DESCRIPTION DES ESPÈCES

S. G. CONNOCHŒTES (Lichtenstein).

CATOBLEPAS (H. Smith). — BOSÉLAPHE (Blainville).

Cornes insérées au sommet du front, plates, couchées en avant
puis se redressant en crochet, ordinairement lisses ; narines comme
dans les bœufs avec, en outre, une valvule mobile en dedans, un large
mufle, queue longue ; c'est le seul des anciens antilopes dont les excré-
ments ne soient pas moulés ; arrière-molaires subprismatiques sans
pointes ni colonnettes interlobaires.

CONNOCHŒTES PROGNU

Nous possédons une portion de cheville osseuse, figures 1 et 2, Pl.
III. C'est un tronçon de la base, large et déprimé, à surface remar-
quablement lisse, à base un peu épaissie, un peu concave, arquée en
dessous, arrondi sur les côtés, à surface aplanie en dessus, arrondie
en dessous, devant se relever un peu au-delà de sa rupture pour se
retrousser en crochet ; il a 0^m160 de longueur, 0^m075 de grande largeur et 0^m034 de petite épaisseur.

Nous représentons, même Pl. III, fig. 3 et 4, un autre tronçon vu
sous deux faces, qui a été trouvé avec le morceau ci-dessus décrit et
qui paraît avoir appartenu à la partie de la même corne correspondante à celle recourbée vers le haut et commençant à prendre une
section circulaire. Ce tronçon est long de 0^m18 et sa forme et dimension sont données par les sections transversales, fig. 5, qui accom-
pagnent le profil, les trois supérieures se référant à la pointe, la 4e à
la partie basilaire, fig. 1 et 2 ; la forme est donc conique.

Ce morceau est marqué à l'extérieur, en avant, d'ondulations en bourrelet qui semblent indiquer la présence de bourrelets correspondants sur l'étui corné. La surface est moins lisse que celle de la base mais presque unie, tandis que la face opposée est assez fortement plissée de stries peu profondes. Or, dans le gnou, la surface cornée est lisse sans bourrelets et si le tronçon appartient bien à la base de la cheville osseuse il y aurait là une différence nettement spécifique. Il paraît même que la partie antérieure de la corne, à en juger par ses courbures, devait être bien moins serrée contre la partie postérieure, c'est-à-dire se relever en crochet bien plus ouvert, un peu comme on le voit sur une gravure rupestre que nous reproduisons Pl. XI, fig. 1.

MENSURATION

Fig. 1 et 2.

Longueur du tronçon basilaire proclive.................... 0,080 ᵐᵐ

Diamètre transversal du support de la corne 0,060

    —   vertical   —   0,040

    —   transversal de la base gonflée.............. 0,076

    —   vertical   —   0,050

    —   transversal à 4ᶜᵐ de la base................. 0,070

    —   vertical   —   0,036

    —   transversal à la cassure..................... 0,056

    —   vertical   —   0,036

Fig. 3 et 4.

Longueur du tronçon terminal........................ 0,170

Diamètre transverse à l'origine du tronçon 0,054

    —   antéro-postérieur au même point.............. 0,036

    —   transverse au milieu du tronçon.............. 0,040

    —   antéro-postérieur au même point.............. 0,028

LES DENTS

Nous possédons quelques dents isolées supérieures et inférieures du gisement de Ternifine, trouvées avec les fragments de chevilles osseuses. Nous avons en outre un fragment de tête trouvé par M. Delage dans un encroûtement travertineux de pente, sur le flanc maritime de la Bouzaréa, entre la Pointe-Pescade et le Cap Caxine, au kilom. 7,200, qui présente les deux séries complètes des molaires, la supérieure avec les deux premières avant-molaires endommagées et la dernière molaire ayant perdu sa muraille externe, l'inférieure avec les six molaires d'un côté, la première prémolaire réduite à son alvéole avec sa racine et de l'autre avec la dernière prémolaire et les trois arrière-molaires. Le même bloc contenait un métatarsien encastré avec des traces de phalanges, qui ont permis de déterminer sûrement d'autres pièces analogues isolées, dont il sera question par la suite.

MACHOIRE SUPÉRIEURE

Nous représentons (Bosélaphe, Pl. II, fig. 1 et 4), une portion de maxillaire portant quatre molaires en place, dont la dernière ou troisième arrière-molaires, a sa muraille externe brisée ou encore en partie encroûtée de sa gangue. Ces quatre dents occupent un espace de 0^m091, dont 15 pour la troisième prémolaire et le reste pour les arrière-molaires. Toutes ces dents sont très longuement prismatiques atteignant quelquefois 0^m070 de longueur de fut, déjà fortement entammé ; la surface est presque lisse, ou finement et faiblement crispée, indiquant un cément très peu développé.

La première dent en place est une troisième prémolaire, elle est de forme trigone, large en avant et atténuée en arrière ; sa couronne est triangulaire, presque rectangulaire, avec l'angle aigu en arrière ; la face externe a une assez forte convexité entre deux nervures marginales ou petites côtes saillantes ; l'angle antérieur interne est saillant, arrondi. La couronne porte, en son milieu, une lacune entre les croissants, relativement large, ébauchant elle-même un croissant oblong, à extrémités largement arrondies ; du reste la surface est unie, sans collet ni saillie quelconque.

Nous considérons comme une deuxième prémolaire une dent trouvée à Ternifine, où celles de Connochœtes ne sont pas rares. Elle est figurée Pl. I, fig. 9, triradiculée, de taille appropriée à la troisième prémolaire ci-dessus décrite et de forme presque circulaire, un peu tronquée au bord extérieur, du reste régulièrement usée par la détrition jusqu'à la racine. En arrière elle montre une faible trace d'usure par contact latéral, mais en avant il n'y en a aucune et la première avant-molaire a dû être caduque, ou très réduite en volume. La face extérieure est trilobée : la côte médiane, très convexe, est flanquée de deux lobes profonds, bases de nervures marginales, qui paraissent avoir été très développées. La lacune d'entre les croissants est elle-même, en croissant, très étendu, limitant un gros pilier contourné par le croissant interne. Cette lacune a son bord émaillé extérieur à peine anguleux, mais sur le côté intérieur (l'extérieur du croissant), l'émail est assez fortement festonné ; il est vide de cément.

L'extrême réduction de la première prémolaire inférieure, que nous constaterons en son lieu, nous autorise à admettre que la supérieure devait être également de dimension très réduite et peut-être de très courte persistance.

La première vraie molaire en place est en prisme presque carré, un peu oblique, sensiblement plus épais en avant qu'en arrière ; sa face externe porte deux nervures marginales en forme de côtes arrondies et une nervure médiane semblable appartenant au pilier postérieur qui dépasse l'antérieur ; les nervures s'atténuent vers la base de la dent et devant la médiane est une assez large gouttière. Le milieu de chaque pilier forme une grosse côte convexe qui se gonfle un peu du côté de la base. Du côté de la face intérieure les piliers sont très convexes, profondément séparés, et on ne remarque aucune trace de colonnette ou de pointe interlobaire. Sur la couronne, les lacunes d'entre les croissants sont bien ouvertes et presque amples, formant elles-mêmes des croissants anguleux, arrondis dans leurs cornes, avec lobule peu marqué au bord antérieur, au contraire, très marqué au côté postérieur en forme de saillie anguleuse.

La deuxième arrière-molaire est construite sur le même plan que la première ; elle est seulement un peu plus forte. La lacune d'entre les croissants est plus profondément lobulée, surtout du côté postérieur, et représente en quelque sorte un X couché à traits très épaissis.

La troisième arrière-molaire a sa muraille extérieure en partie brisée, en partie encroûtée de gangue et ne montre guère autre chose que l'élargissement de la nervure marginale postérieure en une bordure saillante en arrière. On peut toutefois mesurer la longueur qui égale 0^m028, la même que celle de la deuxième arrière-molaire, la première ayant 0^m020 seulement. L'ensemble de ces trois dents mesure donc 0^m076 ou 0^m078 avec les intervalles, tandis que les deuxième et troisième prémolaires réunies n'ont que 0^m030 et peut-être 0^m035 à 0^m036 avec la première inconnue, c'est un faible rapport. Nous possédons en outre, de Ternifine, quelques molaires isolées, qui nous permettront de faire ressortir d'autres différences importantes et certaines variations.

Pl. I, fig. 6 à 8 est une première arrière-molaire qui paraît notablement plus grande que la correspondante de Pl. II, fig. 1 et 4 ; mais cela tient à ce que la dent est, en quelque sorte, flabellée; dilatée vers la couronne ; celle-ci mesure en effet 0^m026, tandis que à 0^m020 de la racine, elle n'a plus que 0^m020 ; ce qui égale alors la dent de Pl. II, moins profondément usée. Mais cette dent présente en outre une sorte de méplat assez étendu sur l'angle postéro-interne, dont il n'y a pas de traces sur la précédente ; il y a en outre, dans le fond de la vallée

14

qui sépare du côté interne les piliers, une fine nervure, très atténuée
du côté de la racine et qui, du côté de la couronne, touche presque à
un îlot d'émail situé entre l'angle et le lobe postérieur interne de la
lacune.

Deux secondes arrière-molaires, provenant de Ternifine, ne présentent guère de différence que dans leur degré d'usure de la couronne. Les lobes de la lacune d'entre les croissants sont très déve-
loppés et entr'eux, un peu en dedans, paraît l'îlot d'émail qui manque
à l'exemplaire de Pl. II. Un troisième exemplaire du même gisement,
ayant perdu sa muraille extérieure, présente un faible méplat à l'angle postéro-interne, ainsi du reste que les deux précédentes dents ;
mais le fond de la vallée, qui sépare les piliers intérieurs, montre un
rudiment de la nervure interlobaire sur le point de s'effacer et l'on
peut constater que l'îlot d'émail de la couronne provient d'un repli en
cornet bientôt fermé par l'usure des lames. Cet îlot a donc pu man-
quer aux molaires de Pl. II, soit parce qu'il a été rudimentaire, soit
parce qu'il ne s'est pas constitué. On ne saurait donc lui attacher une
grande importance pour la caractéristique.

Une troisième arrière-molaire, provenant de Ternifine, pourra
compléter nos renseignements sur les particularités de structure de
cette dent. A la couronne elle montre l'îlot d'émail. La lacune d'entre
les croissants a son lobe antérieur simple, très étendu vers la muraille
externe. Pl. I, fig. 4 et 5, à droite, montre la face interne, dont le
lobe postérieur, sensiblement moins épais, pousse sa nervure postérieure en une sorte de contrefort qui se dilate du côté de la racine en
forme de palette et montre une fine strie près du bord. A la face postérieure de la dent un faible bourrelet forme une légère gouttière avec
la saillie de la nervure marginale ; les autres nervures de la dent sont
robustes et épaisses plus que la postérieure et la médiane faisant une
forte saillie sur la gouttière profonde qui la limite, paraît encore plus
en relief.

Nous possédons encore les deuxième et troisième arrière-molaires d'un autre gisement situé au Hamma, à la campagne Sabatéri, au Nord du cimetière européen de Mustapha, dans des dépôts de pente et de fentes dominant le boulevard Bru. La deuxième ne diffère pas essentiellement de celle de Pl. I, fig. 4 et 5 gauche, mais a son cément plus développé.

Au contraire, la troisième arrière-molaire, représentée Pl. II, fig. 5 et 6, est assez différente de son homologue. Elle porte un tubercule subaigu au haut de la vallée interlobaire, mais c'est un fait accidentel, quoique on puisse en reconnaître un rudiment sur la dent décrite plus haut. Le pilier postérieur interne est beaucoup plus effacé ; sa nervure postérieure est plus dilatée, moins en relief en dehors ; sa strie submarginale est plus forte ; en somme elle forme une lame plus comprimée et même un peu creusée entre le bord et la partie postérieure du pilier qui verse en arrière. En somme ces deux dents se ressemblent beaucoup et il n'y a entr'elles de principale différence que la tendance à l'effacement du lobe postérieur et à son expension en arrière.

Dans le gnou figuré par M. Rutimeyer, dessin que nous reproduisons, cette dernière arrière-molaire supérieure ne présente pas cette dilatation, mais au contraire se termine en arrière par une troncature ou par un épaississement de la face qui en occupe au moins moitié de l'étendue et se termine par un pan coupé contre la paroi postérieure du pilier. L'obliquité de ce dernier n'est pas plus grande en arrière que celle du pilier antérieur. L'îlot d'émail est petit et semble indiquer un état d'usure assez avancé pour la dent qui a été figurée, et la lacune est autrement conformée entre les croissants d'émail. La longueur antéro-postérieure de la dent est notablement moindre, égalant dans le vivant, si le dessin est exact, 0^{m}027 tandis que dans notre fossile elle est de 0^{m}031 et 0^{m}033.

MACHOIRE INFÉRIEURE

Les figures 2 et 3 de Pl. II représentent les deux branches de la
mandibule ; la fig. 2, celle de gauche, montrant la face externe avec
partie du diastème ; la fig. 3, celle de droite, vue par la face interne.
La première avant-molaire devait être une dent caduque implantée
par une racine unique sur la déclivité du bord alvéolaire vers le diastème. Cette racine a 4^{mm} sur 5^{mm}. La deuxième avant-molaire est subitement plus grande, prismatique, à fût allongé ; sa face interne a été
écaillée ; l'externe est médiocrement convexe, versant en avant, avec
une trace de pli près de la couronne ; sa partie postérieure est détachée en un lobe subcylindrique, étroit, par un sillon qui ne descend
pas jusqu'au collet.

La troisième avant-molaire est plus grande et plus épaisse ; elle
présente en dedans un pilier convexe entre deux gouttières, l'antérieure marginée en avant par une nervure, la postérieure, en forme
de sillon, détachant un lobe postérieur étroit, formant talon à la couronne.

La face externe est assez convexe en cylindre, versant en avant,
séparée par un fort sillon postérieur épaissi et qui constitue, avec le
sillon interne opposé, un lobe très étroit d'avant en arrière, mais
épais transversalement. Le lobe antérieur porte une lacune à cément
subréniforme. Ces deux dents ont la plus grande ressemblance avec
celles des figures publiées par M. Rutimeyer sous le nom de Catoblepas gnou : toutefois la deuxième dans le gnou est plus profondément sillonnée en dehors et la troisième montre les deux dépressions
internes plus profondes, formant à la couronne des sinus très accusés.

Les deux premières arrière-molaires se ressemblent beaucoup, sauf
les modifications qu'apporte le degré plus profond de détrition dans
la première. Ce qui caractérise surtout ces dents, c'est la forme de
leurs piliers externes très convexes, profondément distincts, sans

colonnette accessoire. Les piliers internes, également assez fortement convexes, sont séparés par une profonde dépression, ce qui donne à la couronne une table de trituration didyme, en forme de 8 de chiffre. Les nervures latérales de la face interne sont étroites, pincées et ne semblent pas descendre jusqu'au collet. A la face externe le pilier antérieur détache à sa base un appendice émaillé en forme de crochet allant se coller à la base du pilier postérieur qui se creuse un peu pour le recevoir. Les lacunes entre les demi-cylindres sur la couronne sont bien ouvertes en forme de croissant dont les cornes très obtuses, élargies, se portent près de la paroi extérieure, formant presque un 8 de chiffre très couché.

La troisième arrière-molaire ressemble presque en tous points aux précédentes. Le pilier antérieur de la face externe montre l'appendice émailleux qui va se coller à la base du second pilier comme s'il voulait participer à son système radiculaire. Seulement la dent a un troisième lobe un peu plus étroit que les antérieurs, moins épais et moins convexe, bien séparé dans toute sa longueur, du côté externe, par un sillon bien creusé, au contraire simplement distingué du côté interne par un grêle pli ou sillon superficiel, sans fossette d'émail sur le disque ; celui-ci a la forme de section lenticulaire ; il est pourvu, à l'arrière, d'une très fine nervure marginale bordant l'angle postérieur.

Cette dent a été trouvée à Ternifine, usée très profondément avec son lobe postérieur, également développé jusqu'à la base. Cet échantillon indique la grande longueur du fût prismatique de la dent, qui forme une partie de la caractéristique de la dent. D'une taille presque semblable à celle de la dent analogue du gnou, elle en diffère par plus de largeur et plus de compression du troisième lobe, moins détaché à la face interne. Il y a aussi quelques différences de détail de forme des lacunes de cément d'entre les demi-cylindres ; mais la détrition modifie incessamment les contours de ces lacunes.

Je dois encore noter quelques dents, trouvées isolées dans le gise-

ment de Ternifine (ou Palikao). Les figures 13 à 17 de Pl. I représentent une deuxième arrière-molaire inférieure droite vue sous quatre faces et sur la couronne ; elle est usée jusqu'au delà de la moitié de sa longueur primitive ; la fig. 1-3 montre les nervures marginales sur le point de disparaître près du collet ; la fosse interlobaire intérieure très creusée et les convexités bien bombées de piliers. La fig. 14 montre le sillon profond interlobaire de la face extérieure, dépourvu de pointe et de colonnette ; mais le lobe antérieur vers le bas fait une saillie vers le lobe postérieur presque aussi marquée que dans celles ci-dessus décrites.

La fig. 15 montre la face antérieure avec son méplat de l'angle interne faisant presque gouttière et la lacune d'émail remontant assez haut sur l'angle radiculaire interne. La fig. 16 montre la face postérieure un peu convexe avec rudiment de côte médiane, qui ébauche une gouttière superficielle. La fig. 17 montre le profond étranglement entre les deux lobes, la forme presque arrondie de ces lobes et les lacunes à cément plus en forme régulière de parenthèse et plus développées que dans la figure du gnou.

Les figures 10, 11 et 12 de la même planche représentent une autre deuxième arrière-molaire gauche, dont le fût est le double de la longueur de celui de la dent précédente et peut donner une idée du grand développement de ce fût en longueur. Cette dent montre la grande persistance de la forme jusque vers le sommet, qui s'épanouit un peu plus en largeur. Les lacunes d'émail de la couronne ont des tendances à lober leurs cornes de croissant qui sont bien développées et ces lobules sont sans doute promptement effacés, puisqu'ils n'existent plus sur les couronnes plus profondément usées. A la face externe le pilier antérieur montre la même dilatation susradiculaire vers le pilier postérieur, qui paraît ainsi contracté à la naissance. A la face interne le pilier antérieur montre une sorte d'arête-mousse qui longe le bord antérieur de la gouttière interlobaire dans sa partie moyenne et supérieure, mais s'efface vers le tiers inférieur.

Les figures 18 et 19 de Pl. I représentent une dernière arrière-molaire gauche fortement usée par la détrition et provenant de Ternifine ; du côté interne le pilier antérieur montre le même épatement de sa base empiétant un peu sur la base du pilier suivant, mais rien de semblable n'existe entre ce second pilier et le troisième lobe, celui-ci est très large, peu épais, à section lenticulaire et à sa face interne il est séparé du pilier médian par une côte arrondie entre une double cannelure ; l'angle postérieur est émoussé, même arrondi. Les dimensions des trois lobes sur la couronne sont dans le fossile $15 + 15 + 12$ $= 42$, et dans le gnou $15 + 14 + 6 = 35$. Les lacunes d'émail de la couronne sont en forme de 8 couché, dont les boucles sont plus convexes du côté interne ; il n'y en a pas sur le troisième lobe. Dans le gnou ces lacunes ont beaucoup plus la forme d'un fer à double T.

Nous représentons encore un chicot de dernière arrière-molaire, Pl. II, fig. 7, dont les dimensions ont été les mêmes, elle est précédée d'une deuxième arrière-molaire dans le même état ; elles ont encore une bordure d'émail presque continu, mais l'étranglement entres les deux lobes est beaucoup moins profond. Elles sont plus fortement encroûtées de cément. La couronne n'a plus de lacune d'émail, mais à la place deux petits disques d'un ivoire moins dense, bien séparés dans la dernière dent, encore presque en continuité dans la deuxième. La racine égale environ en longueur ce qui reste du chicot.

Cette dentition est certainement très analogue à celle du gnou figurée par M. Rutimeyer et que je reproduis Pl. I, fig. 1 et 2, mais il y a encore certaines différences qui dénotent une espèce particulière, sensiblement plus forte.

MENSURATION

Mâchoire supérieure.	Fossile.	Vivant.
Longueur de la première prémolaire ?..........	»	»
— de la deuxième — ?..........	»	»
— de la troisième —	0,015^{mm}	»

	Fossile.	Vivant.
Longueur de la première arrière-molaire........	0,020	»
— de la deuxième —	0,028	0,024 ^{mm}
— de la troisième —	0,028	0,027
Diamètre transversal de la même	0,020	0,018

Mâchoire inférieure.

	Fossile.	Vivant.
Longueur de la première avant-molaire (racine).	0,005 ^{mm}	?
— de la deuxième —	0,011	0,011 ^{mm}
— de la troisième —	0,017	0,016
— de la première arrière-molaire........	0,018	0,017
— de la deuxième —	0,025	0,021
— de la troisième —	0,035	0,035
	0,105	0,100
Longueur de la série des prémolaires inférieures.	0,033	»
— des prémolaires inférieures moins la première................................	0,028	0,026
Longueur de la série des arrière-molaires inférieures	0,078	0,075
Longueur totale des dents moins la 1re molaire..	0,106	0,101

LE SQUELETTE

Nous ne possédons qu'une très faible partie du squelette. La pièce la plus importante est un métatarsien trouvé dans le même bloc que les fragments de crâne du rivage de Bouzaréa, qui nous a permis de reconnaître deux autres métatarsiens dont un complet, de Palikao, est représenté Pl. III, fig. 6 et 7. C'est un os d'ensemble tétragone creusé en dessus d'un sillon en gouttière presque d'égale force dans toute sa longueur. La face antérieure, un peu amincie, a deux grosses côtes arrondies séparées par la gouttière, moins obtuses vers le trou vasculaire. La face postérieure est presque plane vers le haut, sensiblement concave au milieu s'arrondissant vers le bas.

Vu de face, l'os est à peine dilaté vers la tête supérieure et à son angle externe il montre comme une troncature limitée en dehors par une arête nette et s'atténuant vite en descendant ; c'est probablement la place d'un métatarsien latéral. Vers le bas il s'élargit et s'étale pour fournir les poulies pour les phalanges. Vu de profil il reste épais sur presque moitié de sa longueur, puis il se resserre vers le bas pour prendre son minimum d'épaisseur vers son quart inférieur où sa section transversale tend à s'arrondir. La tête tarsienne est très épaisse d'avant en arrière, mais elle est un peu endommagée et un peu mutilée et ses facettes sont incomplètes. Les poulies articulaires sont bien développées, du reste sans particularités spéciales. C'est, en résumé, un os plutôt grêle, quoique robuste, rappelant plutôt celui d'antilope que celui de bœuf, dont il a les dimensions avec plus de gracilité.

MENSURATION

Longueur totale	0,253 mm
Épaisseur transversale au sommet	0,035
— dans sa plus grande étendue moyenne	0,024
— dans la région articulaire inférieure	0,053
Largeur antéro-postérieure en haut	0,027
— — en bas	0,020
— vers la poulie	0,030

Le **métacarpien** est peut-être connu par deux tronçons inférieurs trouvés, l'un avec les arrière-molaires supérieures de la campagne Sabatéri, l'autre dans la grotte de Bougie. Mais leur attribution est loin d'être certaine, ils ne donnent d'autres renseignements que leurs dimensions et ne m'ont pas paru devoir être dessinés. La section à la cassure est en demi-cercle dont la face postérieure forme le diamètre

Celui de Bougie, sensiblement plus grand, n'est pas aussi probablement du connochœtes.

MENSURATION

	Hamma.	Bougie.
Longueur du tronçon	0,060 mm	0,060 mm
Largeur au sommet du tronçon	0,035	0,035
Plus grande largeur sur les poulies	0,050	0,053
Largeur des poulies	0,052	0,055
Épaisseur vers la cassure	0,028	0,026
— au dessus des poulies	0,020	0,030
— maximum des poulies	0,028	0,032

J'ai signalé ces deux tronçons pour ne rien oublier, mais il ne serait pas non plus impossible de les attribuer à quelque variété du *Bos ibericus* trouvé dans les mêmes gisements. Toutefois un exemplaire, dont je n'ai qu'une photographie, a été trouvé à Palikao et répond à cette mensuration :

Espace occupé par les poulies	0,052 mm
Largeur de l'os au niveau du trou vasculaire	0,035

Il en résulte que les attributions ci-dessus deviennent plus admissibles.

REPRÉSENTATIONS RUPESTRES

La fig. 1 de Pl. XI, des rochers de Mograr, ne peut représenter autre chose qu'un animal du type des gnous et très imparfaitement. La queue devait être longue. La tête, terminant une forte encolure, porte des cornes implantées sur le haut du front, d'abord inclinées au dessus des yeux, longuement projetées en avant puis arquées, redressées en crochet. La face est épaisse et inclinée en avant. Les membres sont trop robustes ; mais c'est un défaut habituel à nos artistes, qui les ont souvent laissés inachevés sur leurs dessins.

J'ai fait représenter une copie du portrait du vrai gnou pour comparer avec cette image ; on y voit que la tête ne manque pas d'analogie dans son attitude, mais que les cornes, plus étroitement appliquées sur le front, se redressent plus brusquement et plutôt en un crochet plus court. Or ce qui nous reste des cornes du prognu indique une certaine analogie de cette image rupestre avec notre fossile par la courbure plus étendue de l'extrémité. Il ne serait donc pas impossible que ce fut ce fossile, dans sa dernière descendance, que l'homme préhistorique ait voulu représenter, avec moins de succès sans doute qu'il ne l'a fait pour le buffle antique, mais assez cependant pour le rendre presque reconnaissable dans le caractére principal au moins de sa tête.

S'il en est ainsi on se demande si on ne pourrait pas aussi reconnaître sa représentation dans les dessins rupestres de l'Hadjar el Khanga, dans l'Oued Cherf, publiés par M. Vigneral. Nous en donnons une copie, fig. 3, représentant deux animaux à longue et grosse queue, à corps de ruminant, à tête très massive, portant sur le nez une corne arquée longuement en remontant, presque grêle, d'épaisseur égale, ne manquant pas de ressemblance avec la corne de fig. 1, dont la partie proclive aurait été confondue avec le front par l'artiste ; ce qui s'expliquerait soit parce qu'elles étaient plus étroitement appliquées au fond, soit parce qu'elles étaient mêlées à une villosité plus développée. Ces images rupestres de l'Oued Cherf se distinguent de celles des Ksours Oranais par une facture toute différente, indiquant un sentiment artistique moins développé, mais néanmoins paraissant plus récentes ; cette représentation, ainsi interprétée, cesse d'être une énigme, car on ne connaît aucun animal bisulque avec corne implantée sur l'extrémité du nez.

A Tazina on a relevé des images presque informes qu'on a supposé avoir eu pour but de figurer un animal de ce type. Elles sont d'une facture enfantine, naïve et les cornes qu'elles simulent sur un semblant de tête, dirigées en avant et en haut en divergeant un peu, n'ont que des ressemblances très éloignées, quoique ne pouvant être attribuées à aucun animal même caricaturé. Il est impossible d'en faire état dans cette discussion.

La fig. 6 de Aïn Lehag a aussi été rapprochée du type gnou à cause de sa tête penchée, de ses cornes partant du sommet du front, mais dirigées en avant, bien séparées du frontal, puis s'arquant presque en coude et se relevant en forme d'une longue palette. La tête est très courte, très épaisse sur une brève encolure. La queue est assez longue figurée par un trait. La naissance de ces cornes semble comme portée sur une meule et la corne n'est point récurrente et n'est pas comparable à celle du gnou.

J'ai précédemment décrit un cerf à joues épaisses des gisements quaternaires du Tell, qui pourrait avoir une physionomie de joue analogue et dont les cornes n'ont laissé que des tronçons allongés et grêles, simples, comme il conviendrait à l'animal de cette figure. Les membres robustes figurés sont certainement défectueux et répondent à un schéma assez habituel de ces représentations où les extrémités sont toujours travesties. Si ce profil est bien celui du *Cervus pachygenys,* nous aurions un certificat bien curieux de la légitimité de cette ancienne espèce en quelque sorte dépaysée en Berbérie.

A l'occasion du *Cervus pachygenys,* je m'occuperai de deux autres images gravées sur les rochers qui me paraissent avoir de l'affinité avec les cerfs. La fig. 10 représente un animal qu'on a pris pour une girafe à cause de son corps penché en arrière, de son col allongé et aminci vers le haut, mais dont la tête est plutôt celle d'un cerf femelle dépourvue de bois et où on ne retrouve ni la corne frontale ni la disposition des oreilles ; quant au corps, il est impossible de lui trouver une ressemblance quelconque et d'y voir autre chose qu'une image fantaisiste et incompréhensible.

La fig. 11, d'El Hadj Mimoum, est remarquable par l'allongement ou mieux l'étirement de ses membres ; le corps montre un garot en bosse et une croupe très épaissie avec petite queue. Le col est effilé, dressé et porte une tête petite surmontée d'appendice peu reconnaissable en raison de l'imperfection du dessin. Il semblerait que c'est une oreille dressée, on a pu aussi l'interpréter comme une petite corne dressée devant les oreilles. Il y a dans une image de l'Encyclopédie de Chenu, Pl. XVIII, fig. 2, sous le nom erroné de biche en mue, un animal portant une tête presque semblable, soit par erreur de dessin, soit par inadvertance de détermination, mais certainement un cervidé en sorte qu'il n'y a presque pas de doute à attribuer notre image rupestre également à un cervidé, mais il n'en résulte pas plus de lumière actuellement sur la détermination spécifique de l'animal qui nous reste inconnu de même que le précédent. La place de ces reproductions dans cette monographie serait donc assez peu justifiée si ce n'est par le besoin de remplir un cadre de planche où se trouvait déjà une représentation supposée du *Cervus pachygenys,* dont les cornes singulières éveillaient un peu l'idée de celles de nos gnous préhistoriques et un peu comme appendice et supplément à la monographie précédente du genre cerf.

Il m'a été impossible de reconnaître la prétendue représentation du gnou sur les monuments égyptiens comme catoblepas. L'ouvrage si spécial de M. Witkinson est muet à cet égard comme texte et comme iconographie, et il me paraît probable que cette indication doit être rangée parmi les légendes compilées naïvement.

Comme conclusion générale nous pouvons déduire qu'une espèce de connochœtes, bien voisine du gnou, a vécu en Berbérie à l'époque préhistorique, qu'elle est peut-être figurée parmi les images rupestres de la région des Ksours et peut-être de la vallée de l'Oued Cherf, qu'elle paraît se distinguer par l'allongement de la partie récurrente de ses cornes, qu'elle devait avoir des portions d'anneaux en bourrelet à cette partie des cornes, qui est lisse chez le gnou ; que c'est probablement à tort que l'on a cru que les égyptiens avaient connu ce dernier animal et enfin que c'est à tort aussi qu'on l'a désigné par le nom de catoblepas, appliqué par Pline à un autre animal, probablement le Phacochœre.

S. G. BOSÉLAPHE RAY

(BUBALUS LAURILL., non DUVERNOY)

Le type de ce sous-genre est l'antilope bubalis Pallas, le genre alcélaphe de Blainville, le bubalus Laurillard partim. C'est le Begueur el Ouach des arabes, qui vit encore dans la région montagneuse et saharienne de la Berbérie, où Shaw prétend qu'il se mêle parfois aux troupeaux et devient familier ; ce qui ne nous paraît pas du tout justifié par l'observation ; car en domesticité il montre des mœurs farouches ou du moins indociles.

1° BOSELAPHUS PROBUBALIS

Le fossile, que nous décrivons sous le nom de *Boselaphus probubalis,* a été trouvé dans la station préhistorique d'Aboukir avec le bœuf opisthonome, station remarquable par l'accumulation considérable de coquilles d'hélices, restes d'anciens repas, près d'une source qui a persisté jusqu'à nos jours.

LA TÊTE

Nous n'avons que des portions de frontaux avec les cornes, ou des cornes isolées et une partie du système dentaire. Les cornes sont implantées et dressées au sommet du crâne, relevé fort haut au-dessus des orbites en une saillie occupée par deux vastes sinus, qui se terminent dans la base même des cornes au-dessous du tissus finement poreux de leur intérieur et elles y occupent 9^{cn} de longueur au-dessus de la zone des orbites et sur la boîte crânienne. Le front était droit sans bosse sous l'origine des cornes et ses bords, parallèles longuement, devaient imprimer au crâne cette forme si singulièrement allongée et comme étirée du bubalis.

. Les bases des chevilles, épaisses et comme gonflées, sont très rap-
prochées et presque en contact sur la ligne médiane. Elles sont à section subcirculaire ou ovalaire, dressées, d'abord convexes en dedans,
puis divergentes, amincies, courbées en dehors en arrière pour revenir
en dedans et en avant. Enfin le sommet se dirige en arrière et se termine par une pointe aplatie, courte, presque spatulée, non obtusé-
ment conique. Leur ensemble affecte une forme lyrée ; leurs ondulations sont bien moins anguleuses, saccadées, que dans le bubalis et
on n'y trouve aucune trace des bourrelets qui servent de base ou de
support aux anneaux cornés bosselant les convexités de celles-ci.
Dans les concavités on remarque quelques plis en relief, qui sont tor-
dus en spirale de gauche à droite suivant un mouvement de torsion,
propre à la cheville, que les plis provoquent dans toute sa longueur.

L'exemplaire que nous figurons Pl. IV, de face et de profil, en le
complétant par renversement de l'image, est d'une taille moyenne.
Il a 24^{cm} de longueur en ligne droite et 31^{cm} en suivant la courbure
externe. Le diamètre à la base est de 64^{mm} et vers le milieu de la hauteur 45^{mm}. Un exemplaire de l'Oued Seguin, conservé au Musée de
Constantine, a 19^{cm} de longueur, 45^{mm} de diamètre à la base et 25^{mm}
vers le milieu. Un autre exemplaire incomplet d'Aboukir est de taille
bien plus forte, surtout bien plus longue, mais éraillé à la base, cassé
dans son tiers ou quart supérieur, il ne peut fournir d'éléments com-
parables de mensuration. Le tronçon de corne est presque aussi long
que la corne entière décrite ci-dessus. Le tour du front faisant base
des cornes mesure 31^{cm} dans le sujet figuré, tandis que dans le grand
sujet ce pourtour mesure 34^{cm}. La largeur du front, dans le sujet figuré,
est de 12^{cm}. La distance des bouts des cornes osseuses est de 13^{cm}. Le
plus grand écartement est de 28^{cm}. Le haut du sinus des cornes est à
9^{cm} de la base du tronçon, qui était encore supérieure à la zone des
orbites.

Un autre tronçon de cheville osseuse, comprenant aussi la région du

frontal contenant les grands sinus de la base des cornes, a été recueilli
dans une sorte de brèche osseuse remplissant les fissures d'un calcaire
à mélobésies d'Aïn Oumata, près le village des Trembles. Malheureusement il a son extrémité brisée ; il a été représenté complété par
renversement de photographies Pl. V, fig. 1 et 2. Les chevilles
m'avaient paru plus épaisses, plus gonflées à la base, moins divergentes et assez différentes pour laisser soupçonner une forme particulière que de nouvelles fouilles pourraient confirmer ou non. Mais
ces nouvelles fouilles n'ont pas été faites et en l'état on peut, sans
trop d'hésitation, rapporter cette corne au probubalis. (Consultez,
pour comparaisons, le dessin que nous donnons du bubalis actuel).

MENSURATION

Diamètre antéro-postérieur des chevilles à la base . . . . 0,068 ^{mm}
    —   transverse 0,060
Largeur du frontal sous leur naissance 0,132

LES DENTS

La **mâchoire supérieure** nous est connue par quelques molaires
isolées provenant d'Aboukir avec les cornes et qui ont très probablement appartenu au bosélaphe probubale. La première et la seconde
prémolaires n'ont pas été trouvées ; la troisième, Pl. IV, fig. 1, 2 et 3,
est une dent prismatique à section subquadrangulaire. La face extérieure est presque d'égale largeur, à peine élargie vers la couronne ;
elle montre une côte médiane assez convexe, égale, un peu forte
cependant vers le haut, encadrée par deux fortes nervures subparal-
lèles qui bordent la convexité médiane. La face interne est également
convexe ; elle porte, en arrière, une arête saillante descendant presque de la racine, qui est oblique en arrière. L'arête borde le bord
postérieur en forme de forte nervure ; près du bord antérieur est une
arête saillante, obtuse, entre deux rudiments de gouttière. Les côtés

30

antérieur et postérieur sont presque plats. Le fût est long, un peu
aminci vers la couronne qui porte une grande lacune d'émail de forme oblongue et large, occupant presque toute la longueur du plan de
mastication.

La première arrière-molaire est probablement celle représentée
aux fig. 1 et 2 au milieu et fig. 4. C'est une dent à long fût prismatique : à la face externe elle porte deux lobes en V, dont l'antérieur
est en échelon sur l'autre, limités par trois nervures épaisses presque
parallèles, encadrant deux côtes médianes saillantes, assez étroites,
convexes, séparées des nervures qui les encadrent par des sillons en
gouttière partant presque de la racine.

La face antérieure est presque plane et parcourue par une cannelure qui sépare cette face du bord arrondi et assez saillant du pilier
interne. Les deux piliers internes sont séparés par un sillon profond,
aigu, sans colonnette, ni pointe ou tubercule interlobaire. Ces piliers
sont bien parallèles et d'égale épaisseur. Le pilier postérieur est
accompagné d'une cannelure marginale, dont le bord postérieur est
en arête et forme l'angle de la face postérieure, qui est du reste à peu
près plane. Le fût de la dent est subcarré, à peine élargi vers la couronne. Celle-ci a ses lacunes d'émail en croissant, très courtes, à bords
plus ou moins festonnés ou ondulés, à cornes très prolongées vers la
muraille externe pour entourer la partie centrale du croissant extérieur qui est presque cylindrique. Il y a un petit îlot circulaire d'émail
derrière le pli interne médian.

La seconde arrière-molaire supérieure ne paraît différer en aucun
point de la première, sauf par un peu plus de grandeur et un fût un
peu moins entamé par la détrition. L'îlot d'émail de la couronne est
ici accidentellement lié par son prolongement jusque dans la lacune
d'entre les croissants, dont il paraîtrait être une dépendance origi-
nelle, au lieu d'être le résultat d'une obstruction par le développement d'une colonnette adhérente dans le pli.

La troisième arrière-molaire est un peu moins certaine.

La dent que nous représentons Pl. IV, fig. 6, 7 et 8, provient de la grotte du **grand rocher** où a été trouvée également une première ou deuxième arrière-molaire absolument semblable à celles de fig. 1 et 2 et comme la taille concorde, son attribution à l'espèce n'a rien que de très probable. Cette dent a son îlot d'émail en dehors du pli interlobaire, presque entre les lames d'émail ; celles-ci sont conformes à celles de la dent précédente ; seulement le pilier antérieur interne est un peu aplani, ou du moins bien moins convexe, moins profondément séparé par le pli interlobaire ; le pilier interne postérieur moins épais s'efface en quelque sorte en dehors pour prendre une forme triangulaire prismatique avec angle postérieur externe plus développé.

A la face externe le pilier antérieur est semblable à celui des première et deuxième arrière-molaires et en retrait en dedans, mais le postérieur est plus large à sa naissance que dans les arrière-molaires précédentes ; sa côte médiane plus large est à peine convexe ; sa nervure postérieure est épaisse sans prolongement angulaire en arrière et le bord postérieur interne, très versant en dehors, passe à cette nervure sans marge, sans cannelure et sans pli, ne présentant rien de ce qui pourrait rappeler le pli anguleux de la face postérieure des molaires précédentes, qui a disparu avec l'effacement de l'angle postérieur interne de la dent ; malheureusement cette dent est usée presque jusqu'à la racine. Nous avons montré une disposition analogue dans la dernière arrière-molaire supérieure du *Connochœtes prognu.*

Les fig. 9, 10 et 11 de Pl. IV représentent une autre arrière-molaire, première ou deuxième, qui est encore presque exempte d'usure par détrition et dont l'îlot d'émail interlobaire n'est pas encore formé. On peut y reconnaître la forme longuement prismatique du fût, la formation très tardive des racines. Le pli anguleux de l'angle postérieur interne est bien développé mais il y a de plus, sur la face antérieure, une nervure souvent très fine, rarement accompagnée d'une cannelure plus ou moins apparente. Les lacunes d'entre les croissants, encore bien ouvertes, ne prendront leur forme habituelle qu'après une plus forte détrition.

Du gisement d'Aboukir je possède quatre arrière-molaires supérieures bien semblables entr'elles par des particularités de structure que l'on ne rencontre pas dans celles ci-dessus décrites ; l'une d'elles est représentée Pl. VI, fig. 5 à 7. Elles sont un peu plus petites dans toutes leurs dimensions. La face extérieure a ses nervures très robustes, bien serrées contre les côtes médianes, divergentes vers la couronne et comme flabellées. Le pilier interne postérieur porte à son angle une cannelure seulement un peu plus faible que dans les autres molaires décrites. Il n'y a pas d'îlot d'émail isolé sur la couronne. Le ressaut en gradin en dehors du lobe postérieur est plus oblique, moins serré. La première idée qui vient à l'esprit est que cette dent pourrait être une première arrière-molaire ; mais on ne remarque aucune transition entre cette dent et d'autres qui sont des deuxièmes et sont subitement trop grandes pour justifier cette vue ; peut-être de nouveaux matériaux plus complets, plus nombreux, nous feront-ils reconnaître un type nouveau à distinguer. Nous l'inscrivons ici comme variation.

La **mâchoire inférieure** est plus imparfaitement connue. Nous n'en avons aucun débris d'Aboukir. Ce n'est donc que par convenance de structure que nous rapportons à cette espèce quelques molaires de la grotte du **grand rocher**. Les prémolaires sont inconnues.

Une arrière-molaire à surface d'émail, finement ridée, a deux piliers externes subégaux, séparés par un pli profond sans colonnette ni pointe interlobaire ; elle est à fût prismatique allongé, Pl. VI, fig. 8-11. Sa face intérieure a deux fortes nervures marginales, serrées contre un sillon étroit, assez profond ; les deux lobes sont bien séparés par un large canal obtus, mais assez profond pour transformer, après la détrition, la couronne en deux disques didymes. La côte médiane interne de ces lobes est fortement convexe et lorsque l'usure a dépassé le milieu de la longueur du fût, la couronne se montre sous l'aspect de deux cylindres accolés par le milieu de leur face, à coupe en 8 de chiffre qui est très caractéristique pour ce type animal.

La face antérieure de la dent montre, à l'angle extérieur, une assez large cannelure s'effaçant vers le haut en avant de la forte convexité du pilier. En arrrière il y a une faible nervure limitant une faible cannelure en simple méplat, bordant la convexité du pilier postérieur. Le pied des piliers se rétrécit notablement vers la racine et montre une structure que j'ai déjà notée sur le connochœtes ; la base du pilier antérieur pousse un appendice sur-radiculaire, qui va s'accoler au pilier postérieur en refoulant le pli interlobaire. La face intérieure du lobe postérieur montre un commencement de nervure obtuse du côté de la grande fosse interlobaire, naissant moins bas et arrivant par sa saillie insensible à rappeler les facies de la face externe des molaires supérieures. Les lacunes d'entre les croissants de la couronne sont elles-mêmes en croissant à cornes arrondies, un peu lobulées au bout, disposées en forme de signe de parenthèse.

Il faut sans doute considérer, comme une seconde arrière-molaire, une dent presque encore à l'état de germe, qui ressemble beaucoup à la précédente, avec des dimensions un peu plus fortes, Pl. V, fig. 12 à 14. Il y a également une cannelure superficielle au bord antérieur interne et une autre plus faible encore au côté postérieur ; les lacunes d'entre les croissants sont peu ouvertes parce que les croissants sont presque intacts encore. Il y a de plus, dans le pli interlobaire extérieur, un rudiment de colonnette qui se détache vers le milieu de la hauteur, très grêle et qui correspond dans la dent précédente à un lobule presque caché dans le cément et affleurant sur la marge de la couronne.

La troisième arrière-molaire, Pl. VI, fig. 15 à 17, provient du même gisement. C'est une dent à trois lobes très comprimée, à fût un peu courbe, ayant sa concavité extérieure ; le lobe postérieur est moitié

large comme les précédents et bien moins épais. Sa face intérieure,
en retrait du second vers l'intérieur, se termine en arrière par un
bourrelet marginal, dépendant de la face interne dont il est séparé
par une strie linéaire. Il y en a un semblable et égal au bord postérieur du lobe moyen. Celui-ci et l'antérieur sont bien convexes, séparés
par une fosse assez profonde, parcourue de stries et d'une nervure
rudimentaire, représentant celle des dents précédentes. La nervure
antérieure marginale est bien développée dès la base. La face opposée
externe a, au lobe moyen, un pli en strie sur le milieu de sa face versant en arrière. Les lacunes d'entre les croissants de la couronne sont
elles-mêmes en croissant étalé dont les cornes sont épaissies et obtuses et un peu en signe de parenthèse ; elles manquent au troisième
lobe. Cette dent usée devait avoir, comme dans connochœtes, ses
prismes presque en forme de cylindres didymes avec des couronnes
en forme de 8 couché.

MENSURATION

Mâchoire supérieure.

TROISIÈME PRÉMOLAIRE

Longueur antéro-postérieure .... 0,014 ^{mm}
Épaisseur transversale 0,012
Longueur du fût 0,030

ARRIÈRE-MOLAIRES

	— 1re —	— 2e —
Longueur antéro-postérieure à la couronne.....	0,022 ^{mm}	0,024
— — au collet de la racine	0,018	0,018
Épaisseur transversale......................	0,016	0,016
Longueur du fût d'une autre dent.............	0,050	»
Troisième arrière-molaire : longueur	0,025	»
— — épaisseur...........	0,016	»

PREMIÈRE OU DEUXIÈME ARRIÈRE-MOLAIRE SUPÉRIEURE D'UN AUTRE TYPE

Longueur antéro-postérieure à la couronne .... 0,022 mm
—   —   au dessus du collet............ 0,014
Épaisseur transversale à la couronne.................... 0,013

Mâchoire inférieure.

PREMIÈRE ET DEUXIÈME ARRIÈRE-MOLAIRES INFÉRIEURES

	— 1re —	— 2e —
Longueur antéro-postérieure de la dent.........	0,025 mm	0,026
Épaisseur transversale à la couronne..........	0,010	0,010

TROISIÈME ARRIÈRE-MOLAIRE INFÉRIEURE

Longueur antéro-postérieure totale..................... 0,032
—   —   des deux lobes principaux.... 0,026
—   —   du troisième lobe............ 0,008
Épaisseur transverse des premiers lobes................ 0,010
—   —   du troisième lobe 0,004

Les détails qui précèdent permettent d'établir sûrement la spécification de notre Begueur-el-Ouach, qui est nettement différent de celui qui lui a succédé en Berbérie. Le bosélaphe bubalis a la troisième prémolaire supérieure non marquée d'un pli interne. Les arrière-molaires supérieures n'ont pas la cannelure de l'angle postérieur des piliers internes. La dernière se termine par une sorte de contrefort tronqué et obtus. Les arrière-molaires inférieures ont leurs piliers unis et la troisième n'a pas son talon comprimé et étalé ; il est, au contraire, court et arrondi en arrière et en somme beaucoup moins développé.

LE SQUELETTE

Nous ne possédons qu'un petit nombre d'ossements ayant fait partie du squelette, les uns provenant du gisement d'Aboukir où ont été rencontrées les cornes et les dents ; les autres, en général, assez mal conservés et plus ou moins détériorés par la dent des porcs-épics, ont été recueillis dans la grotte du **grand rocher** avec quelques dents du même animal.

L'**axis**, Pl. VII, fig. 1 à 4, provient d'Aboukir et n'a perdu que la pointe extrême de ses apophyses transverses ; le corps est assez allongé ; il se termine en avant par une large plate-forme semi-circulaire pour fournir une large assiette à l'atlas. Une robuste apophyse odontoïde en forme comme le pivot en prolongeant le canal médulaire. Le bord inférieur de cette plate-forme se rétrécit fortement en forme de support de console. De sa face déclive partent trois saillies ou carènes ; les latérales pour se développer en apophyses transverses brisées en arrière sur notre sujet, la médiane bien développée en carène pincée, de plus en plus saillante en arrière et accentuant la forme triquètre du corps. La face articulaire postérieure, bien concave, prend un aspect cordiforme par suite de la troncature du bord médulaire. C'est presque la même disposition dans le bubalis.

Un grand trou arrondi s'ouvre sous le bord supérieur et à l'origine de la console articulaire, puis un autre trou petit, presque en fente, pénètre dans l'apophyse transverse à son origine et en sort en arrière un peu plus grand contre le bord de la face inférieure articulaire, dans le sinus des deux apophyses. Dans bubalis, ce canal cervical est plus éloigné du grand trou et presque en fente, mais la disposition d'ensemble est la même.

L'arc neural est élargi en apophyse épineuse saillante comprimée transversalement formant une arête continue, depuis le niveau des apophyses articulaires postérieures jusqu'à la hauteur de la plate-forme pour l'atlas ; elle s'abaisse sensiblement pour se terminer par une troncature subrectangulaire, tandis que dans le Begueur-el-Ouach elle se termine en une pointe anguleuse, continuant le profil du sinus marginal. La partie postérieure de la lame épineuse s'épaissit et se termine en carène brusque, médiocre, naissant du sinus des deux

facettes, légèrement plus saillantes en arrière. Les facettes elles
mêmes sont ovales, presque transverses, et regardent en arrière.
L'articulation pour l'atlas est, dans le bubalis, beaucoup plus développée, plus étendue dans la direction de l'arc neural ; la troncature
de l'extrémité supérieure de l'apophyse épineuse, en faisant un angle
épaissi au-dessus du canal médulaire, accentue cette différence qui
peut être considérée comme spécifique. Il y a également une différence notable de dimensions qui contribue à accentuer les différences.
En l'état actuel, avec les matériaux que nous avons, je ne pense pas
qu'il soit possible de ne pas admettre la distinction. Quant à la question de parenté atavique, je n'ai pas les éléments pour la résoudre.

MENSURATION

Longueur du corps vertébral en dessous................. 0,080 ^{mm}
— — avec l'apophyse odontoïde... 0,105
Diamètre antéro-postérieur du haut du canal médulaire... 0,030
— — de la plate-forme au bord supé-
rieur du canal médulaire 0,060
Plus grande largeur de la plate-forme articulaire........ 0,070
Largeur du canal médulaire devant l'apophyse odontoïde . 0,025
Longueur de l'arc neural (apophyse épineuse)........... 0,095
Saillie de l'apophyse épineuse sur le canal en arrière..... 0,045
Plus grande largeur de la cavité postérieure............. 0,045
Largeur de l'arc neural d'une apophyse articulaire à l'autre. 0,050
— — en arrière à sa naissance........ 0,028
Plus petit diamètre transversal du corps vertébral........ 0,039

MEMBRE ANTÉRIEUR

Je possède un tronçon inférieur d'**humérus** réduit à sa poulie
radiale et ne pouvant guère présenter en cet état de particularité
caractéristique ; on l'a représenté Pl. VIII, fig. 1, la longueur de la

38

poulie articulaire pour le **radius** est de 0,050. La fosse olécrânienne
a 0ᵐ020 de large. La poulie interne a 0,020 de longueur ; l'externe en
a 0,010. La gorge et la contre-gorge occupent le reste. Le diamètre
du condyle externe est de 0ᵐ025, celui de l'externe 0ᵐ034.

On possède aussi le **métacarpien** en deux exemplaires, ils proviennent de deux gisements : l'un de celui d'Aboukir est représenté
Pl. 10, fig. 1 à 3. Cet os est presque complet ; il lui manque une moitié
de poulie articulaire, l'autre moitié pouvant y suppléer ; c'est un os
plus large qu'épais, presque demi-cylindrique, sensiblement épaissi
vers le haut, avec la tête supérieure un peu dilatée. La tête inférieure
s'élargit notablement et brusquement pour porter la double poulie
phalangienne, sans toutefois que la tête inférieure soit beaucoup plus
large que la tête supérieure ; vu de profil l'os s'amincit notablement
vers le bas ; la face antérieure est régulièrement en portion de cylindre marquée sur le milieu d'un fin sillon en strie, un peu oblique vers
le haut, terminé vers le bas à un très petit foramen au-dessus de la
naissance des poulies. La face postérieure est à peine concave vers le
haut, un peu plus sous la tête, vers le bas elle est plutôt convexe ou
subplane. La tête porte deux facettes articulaires, l'une plus grande
pour le grand os et ses connexes, presque carrée, portant en son
milieu une lacune de tissu éburné. L'autre facette, pour le cunéiforme,
est plus petite, subtriangulaire, séparée de l'autre en avant par une
arête et en arrière par un sillon et une perforation ; en dehors de cette
facette, près de l'angle, correspond un méplat presque en gouttière
promptement effacé. L'articulation inférieure a ses poulies bien séparées, peu larges, d'un diamètre à peine débordant.

Un autre **métacarpien**, représenté fig. 4 et 5, Pl. X, est à peine
plus petit que le précédent ; il provient de la grotte du **grand rocher**
et est presque conservé comme un os frais ; il porte des traces des
dents des porcs-épics ; sa table postérieure, sur les deux tiers du
haut, a été enlevée peut-être par l'homme, car si les traces d'incision

sont évidentes vers les bouts, elles ne le sont aucunement dans la partie détruite, probablement avec l'intention de faire un instrument dont l'usage nous échappe, peut-être un polissoir ou un nettoyeur de cuir. L'os a, depuis, travaillé en arquant un peu sa convexité ; sa tête supérieure, coupée en arrière, montre quelques rugosités en avant de la facette du grand os et la coulisse en dehors de la facette pour le cunéiforme ; le fin sillon du dos est à peine marqué ; la face postérieure est conservée sur 6 à 7^{cm} de longueur ; elle est légèrement convexe, montre un foramen median, et se termine par de petites fossettes pour sésamoïdes. Les poulies sont médiocrement séparées, peu étendues en largeur comme il convient à un animal de montagne à phalanges étroites. Cet os ne présente, avec celui du bubalis, que des différences de proportion.

MENSURATION

	A.	G. R.
Longueur mesurée extérieurement.	0,235 ^{mm}	0,230 ^{mm}
Largeur de la tête supérieure	0,040	0,039
Épaisseur —	0,028	?
— au milieu de la longueur	0,020	?
Largeur du corps de l'os au milieu	0,024	?
— — au $^1/_3$ inférieur	0.026	0,026
— — au bas ?	0,040	0,040
Épaisseur au même endroit	0,018	0,018
Largeur des poulies articulaires	?	0,042
— de la poulie de droite	0,021	0,020
Épaisseur de la même	0,026	0,030

Le **bassin**, représenté Pl. VII, fig. 3 et 6, est assez mutilé à ses extrémités et porte des traces évidentes de la dent des porcs-épics. L'**iléon** est rongé dans toute sa partie d'attache au sacrum ; sa branche est triquètre à angles arrondis, surtout le supérieur, l'inférieur étant anguleux, émoussé. Le troisième angle interne est formé par une crête obtuse partant d'une dépression interne pour aller à l'articulation du sacrum ; tandis que du côté opposé, elle se prolonge en petite crête sur le bord antérieur du pilier.

L'ischion est en lame aplatie, mince au bord supéro-postérieur, un peu épaissie du côté sous-pubien et portant l'entaille profonde de la lacune de la cavité cotyloïde. La part que l'iléon prend à la formation de la cavité est bien conservée, mais celle qu'y prend l'ischion est brisée dans sa marge et laisse voir en dedans la gouttière bien creusée qui conduit à la fosse du ligament. La lame extérieure que ces deux os contribuent à former par leur soudure au-dessus de la cavité cotyloïde, est très étendue formant une courbe largement convexe entre deux courbes concaves. La face sous la convexité est assez fortement déprimée vers son milieu avec trois ou quatre fortes rides qui s'étendent vers le bord ; tandis que du côté interne lui correspond une autre fosse lisse correspondant à la suture des trois os.

La branche du pubis, destinée à la cavité cotyloïde, est en forme de baguette transversale un peu oblique, peu épaisse, aiguë en avant et en arrière, ne formant que moins du tiers de la cavité articulaire, son bord étant séparé de celui de l'iléon par une encoche marginale tandis que du côté de l'ischion la surface articulaire s'arque pour former la grande échancrure ischiale et la fosse du ligament, qu'elle borde presque en forme de large croissant. La branche du pubis est brisée à une assez grande distance de la suture pubienne qui est tout à fait inconnue et la fosse pubienne ne montre qu'une partie de son trou ovale sans le retour de la branche de l'ischion.

MENSURATION

Largeur de la lame sur-cotyloïde sur l'échancrure du bord
   cotyloïde. . . . . 0,050 ^{mm}

Largeur de la cavité cotyloïde du bord pubien à l'échancrure ilio-ischiale... 0,040 mm

Étendue de la cavité du bord iliaque au bord postérieur pubien 0,040

Largeur de la branche iliaque à sa contraction........... 0,030

Épaisseur au même point............................. 0,020

Largeur de la lame sur-cotyloïde de l'ischion dans sa partie contractée 0,040

Épaisseur de la même au même point.................. 0,012

Largeur du côté interne du bassin entre l'échancrure pubienne et le bord intérieur 0,073

Largeur du bord supérieur à la partie externe de la partie pubienne de la cavité............................... 0,055

Diamètre de la fosse du ligament................. 0,015 et 0,018

Le **fémur** nous est connu par deux exemplaires plus mutilés l'un que l'autre par le travail du porc-épic ; dans l'un il reste la coulisse rotulienne et des portions des condyles. Le grand trochanter est presque détruit en totalité, une partie de la tête articulaire est rongée à sa base, il ne reste qu'une partie de la fosse supérieure au petit trochanter, qui lui, est détruit ainsi que la crête qui l'unissait au grand trochanter. Dans un autre exemplaire, trouvé comme le précédent au **grand rocher**, le grand trochanter est rongé jusqu'au-delà du petit mais la tête articulaire est entière, le condyle extérieur est détruit, le haut de la coulisse rotulienne également, aussi la représentation que nous en donnons Pl. IX, fig. 1 et 2, est-elle à peine présentable, permettant cependant de faire ressortir les caractères principaux.

La tête supérieure est assez fortement dilatée en travers à partir du petit trochanter pour porter la tête articulaire proprement dite, qui joue très bien dans la cavité cotyloïde du bassin décrit ci-dessus. Puis en dehors du grand trochanter il ne reste qu'une faible partie du col. La tête est bien arrondie à sa partie saillante, mais elle se prolonge en dehors, sur le col, en une partie subcylindrique, un peu abaissée, qui est complète sur une de nos pièces. Le petit trochanter fait une légère saillie interne en forme de gros tubercule plus ou moins rugueux.

Puis le corps de l'os tend à devenir subcylindrique, mais ne tarde pas à fournir une ligne âpre, formant angle obtus qui descend droit à l'origine de la fosse tendineuse, tandis qu'une autre ligne descend du petit trochanter en gagnant, par une courbe, le milieu de la face et descend sur le bord interne de la fosse tendineuse en formant un simple petit bourrelet parfois à peine marqué. La face antérieure, d'abord simplement convexe, se relève presque en carène très obtuse, oblitérée en avant, mais en arrière plus forte et reliée à la grande saillie très oblique de la tubérosité rotulienne intérieure, qui donne la forme subtriquètre à la partie postérieure du corps de l'os.

En même temps se creuse, au bord externe de la partie inférieure du corps, une grande fosse tendineuse sublancéolée étroite, occupant presque le $^1/_6$ de la longueur du corps de l'os, partant d'une perforation vasculaire et s'effaçant vers le bas en avant de la tubérosité condylienne. Le reste de la surface postérieure du corps forme, en dedans, une saillie en pan coupé qui se déprime à son tour en s'élargissant au-dessus de la naissance des condyles. Ceux-ci sont, en somme, assez peu écartés et médiocres, séparés en avant par un assez large sinus, remontant en cul de sac à l'origine de la coulisse rotulienne.

Celle-ci, légèrement resserrée à son origine, fait suite en partie au condyle interne. Son bord interne s'épaissit, se soulève et se prolonge en une assez forte tubérosité, qui donne au profil de la tête une largeur notable et elle se prolonge en haut sur le corps de l'os par une saillie angulaire, qui verse fortement en dehors du côté extérieur, le bord de la poulie de ce côté étant peu soulevé, presque anguleux et bas.

MENSURATION

	N° 1.	N° 2.
Longueur totale à la face interne	0,300 mm	0,295 mm
Diamètre de la tête articulaire	0,035	0,035
Longueur transverse de l'articulation	0,055	0,055
Épaisseur transversale au petit trochanter	»	0,038
— — du milieu du corps	0,026	0,028
— antéro-postérieure du même	0,032	0,032
Longueur de la fosse tendineuse	0,050	0,060
Largeur de la même	0,012	0,015
Épaisseur du pilier en dehors de la fosse	0,020	0,016
Largeur de la poulie rotulienne à la base	0,020	0,020
La même au milieu de la hauteur	0,028	0,030
Diamètre antéro-postérieur du condyle interne	0,040	0,040
Hauteur de la face interne à la hauteur du commencement de la fosse	0,050	0,055
Largeur de la fosse intercondylienne	0,012	0,014
Hauteur du cul de sac sous la poulie	0,020	0,020

Nous avons en outre un tronçon du bas du **fémur** provenant d'Aboukir, portant un condyle et la poulie rotulienne bien conservés ; celle-ci a son bord intérieur passablement épaissi, mais sans rien d'exagéré, plus saillant que l'extérieur, plus haut et donnant par sa disposition obliquement déclive, la forme triquètre du corps de l'os ; le bord externe de la poulie est bien anguleux et plus court.

MENSURATION

Du condyle au sommet de l'arête rotulienne externe	0,070 mm
Longueur du condyle externe	0,040
Épaisseur du même	0,026
Longueur en ligne droite de l'arête interne de la poulie rotulienne	0,065

Longueur en ligne droite de l'arête externe de la poulie
rotulienne .... 0,055 mm
Largeur de la poulie rotulienne en haut................. 0,034
     —   —   sous le milieu 0,030
     —   —   à la naissance 0,026

Nous possédons un **tibia** de la grotte du **grand rocher**, qui est fortement mutilé à ses extrémités et à son arête antérieure ; mais on peut encore mesurer sa longueur et d'autres proportions utiles ; il nous permet de reconnaître une tête inférieure d'Aboukir qui donne les détails des facettes.

L'os, dans son ensemble, est allongé à profil sensiblement sigmoïde, le milieu du corps étant bombé en arrière et la partie supérieure se portant en avant, jusque sous la saillie du pourtour de la tête fortement arrondie ; sa section est plus ovalaire que carrée. Depuis la tête supérieure il s'atténue sensiblement jusqu'auprès de la tête inférieure, dont le bord est oblitéré par les érosions du porc-épic. A la face antérieure la partie angulaire est rongée presque jusqu'au milieu et montre la paroi intérieure ; en bas elle reste assez convexe et porte, près du bord externe, une tubérosité allongée, d'où remonte une légère arête allant au bord extérieur ; c'est à peine s'il sera possible de mesurer le diamètre transversal de cette extrémité.

La face postérieure est élargie vers le haut avec des dépressions bordées de crêtes ; puis elle ne tarde pas à s'arrondir. Une première arête, ou crête, part du voisinage du bord du condyle, descend en passant en écharpe sur la convexité, puis plus rapprochée du bord interne, elle va se terminer dans une tubérosité située devant le sillon de la poulie astragalienne. Une seconde crête, très marquée, part du bord même de la tête supérieure, descend le long de l'angle externe en longeant un foramen vasculaire, puis se divise en une branche antérieure peu marquée vers la tubérosité déjà signalée. L'autre branche se tord un peu en arrière et revient, sans passer sur la face postérieure. Une troisième grande arête part de la partie médiane postérieure du condyle interne, forme bientôt une grosse saillie en se contournant vers le bord pour le suivre ; elle se rapproche de la médiane en descendant, forme avec elle une bande étroite fortement limitée, puis lentement s'en éloigne en se courbant un peu pour aller se terminer vers la maléole interne. Les fortes saillies, la régularité de ces crêtes, leur grand développement en longueur caractérisent très bien ce tibia.

Nous avons une tête inférieure d'un **tibia** trouvé à Palikao et qui permettra de décrire l'articulation trop mutilée par le porc-épic sur l'exemplaire de la grotte du **grand rocher** ; nous le représentons Pl. VIII, fig. 3, 4 et 5 ; d'abord nous y retrouvons tous les angles en nervures signalés sur le sujet de la grotte. La poulie astragalienne est sensiblement contractée du côté extérieur et présente une facette péronéale antérieure peu développée et surmontée d'une tubérosité de la face antérieure très effacée, ce qui permet de le distinguer de celui du moufflon de taille peu différente.

MENSURATION

Longueur totale mesurée postérieurement......................	0,309 ^{mm}
Largeur de la tête supérieure en arrière et sous les condyles.	0,052
— transverse au milieu...........................	0,030
— au-dessus de la tête inférieure................	0,027
Épaisseur au milieu...................................	0,025
— au-dessus de la tête inférieure...............	0,024
Diamètre transversal de la tête inférieure...............	0,038
— — de l'articulation...................	0,035
— — — astragalienne........	0,025
Diamètre antéro-postérieur de la tête...................	0,025
Longueur antéro-postérieure des facettes péronéennes......	0,019

46

Nous avons un **astragale** trouvé à Aboukir qui s'articule très bien avec le tronçon de tibia qui vient d'être signalé ; cet astragale a ses surfaces un peu usées et nous lui substituons, pour l'iconographie, un astragale des grottes d'Oran, Pl. VIII, fig. 8 et 9, absolument semblable, mais de conservation parfaite qui nous a été communiqué par M. Pallary.

Les bords de la poulie tibiale sont inégaux, l'interne étant moins élevé et très épaissi à son sommet par une sorte de tubérosité interne. La poulie cubo-scaphoïdienne est peu inégale en ses deux condyles assez élargis ; elle est limitée en arrière par une dépression, creusée de fossules et ne communique pas avec l'extérieur ; l'articulation pour le calcanéum est large, celle pour la face péronéenne n'a rien de particulier.

MENSURATION

Longueur extérieure	0,040 mm
— intérieure	0,038
Épaisseur au milieu	0,024
Largeur de la poulie tibiale	0,028
— — cubo-scaphoïdienne	0,033
— de la facette calcanéenne	0,024

Le **calcanéum** que nous représentons Pl. VIII, fig. 6 et 7, provient de la grotte de Bougie et devrait être plutôt attribué à l'animal qui fait l'objet du chapitre suivant en raison même de son origine. C'est un ossement très mutilé, dans son modillon astragalien surtout, qui est presque détruit. Ce qui en reste indique un os très comprimé latéralement, surtout dans son apophyse talonnière, qui, à sa face supérieure, est pincée en crête aiguë presque à partir de la saillie astragalienne et ne s'épaissit un peu que vers l'arrière pour former une faible tubérosité, en partie détruite par le porc-épic.

MENSURATION

Longueur de l'apophyse talonnière	0,070 mm
Épaisseur au milieu de la même	0,007
— en dessous —	0,010
— de la tubérosité?	0,025
Diamètre antéro-postérieur de la plate-forme astragalienne.	0,025

Nous ne possédons aucune autre pièce du squelette de notre fossile, mais ce que nous en avons décrit, sans indiquer des différences considérables avec le bubalis vivant, en montre de suffisantes pour autoriser leur distinction.

2° BOSÉLAPHE DE BOUGIE

BOSELAPHUS SALDENSIS

On a trouvé, dans une grotte maritime de Bougie, souvent battue
par la mer, une quantité considérable d'ossements fossiles, que l'on a
essayé d'exploiter pour engrais phosphaté ; mais les résultats n'ayant
pas répondu aux espérances, tous ces ossements ont été jetés à la mer
et il n'en a été conservé que quelques débris que M. Bégin a mis
généreusement à notre disposition ; nos tentatives, de concert avec
M. Ficheur, ont également été stériles pour accroître les matériaux
de reconstitution de cette ancienne faune.

Parmi eux se trouvent quelques dents isolées, supérieures et inférieures qui, certainement, se rapportent au type des bubalis, mais
présentent quelques particularités qui les distinguent de celles du
bubalis et du probubalis et que nous avons à décrire en l'absence de
matériaux plus complets.

MACHOIRE SUPÉRIEURE

Nous n'avons que la dernière arrière-molaire, la 3ᵉ. Cette dent,
Pl. V, fig. 6, a la face interne de son lobe postérieur comme en partie
oblitérée et versant en dehors pour donner à la partie postérieure de
la dent une forme triangulaire amincie en arrière. A la face externe,
le pilier antérieur ne montre rien de bien particulier dans la nervure
marginale et dans sa côte médiane convexe elle est suivie en arrière
par un méplat au-delà duquel la nervure médiane se relève un peu,
mais ne fait pas de saillie et reste presque au niveau de la côte
médiane du lobe postérieur ; celle-ci est convexe mais élargie surtout
vers le bout radiculaire. Sa nervure postérieure est un peu plus nor-
male ; elle forme une côte épaisse qui, en arrière se dilate en courte
carène, bien moins marquée vers la couronne.

Un léger canal sépare cette nervure de la face interne qui, très oblique, forme une ou deux ondulations en cannelures, à partir même de la partie en relief du pilier qui se pince en une côte, celle-ci se prolonge en un lobule radiculaire sur la base du pilier antérieur en le refoulant et lui prenant une partie de sa racine. Les lacunes d'entre les croissants sont, elles-mêmes, en croissant à branches festonnées ou lobulées et bien ouvertes ; on n'y voit que le petit îlot d'émail en arrière du pli interlobaire comme dans le probubalis. Le second lobe de cette dent est tout particulièrement remarquable par sa forme trigone.

Les arrière-molaires inférieures sont représentées par une série en place et des pièces isolées. Nous représentons Pl. V, fig. 7, 8 et 9, une première et une seconde, fig. 10 et 15, celle-là détachée, celle-ci encore en place sur un fragment de mandibule. Elles sont assez fortement usées par la détrition, sur la moitié du fût au moins. Les piliers internes sont très convexes, profondément séparés par le sillon interlobaire, sans colonnette ni pointe accessoire ; les externes, presque aussi fortement séparés, sont bordés d'un reste de nervure marginale et la dent semble formée, dans son ensemble, de deux cylindres soudés et la couronne présente, par suite, deux disques didymes ayant chacun leur lacune en croissant épaissi dans ses cornes obtuses. Du côté antérieur il y a un rudiment de cannelure ; derrière l'angle du pilier du côté postérieur il y a un autre rudiment plus médian ; ils sont à peine marqués sur les fûts profondément usés.

Une dent beaucoup plus jeune, une seconde probablement, est représentée Pl. V, fig. 12 à 16 ; elle ne présente de remarquable que la longueur de son fût ; le rudiment de nervure médiane qui se rattache au lobe antérieur y forme une côte très obtuse, descendante, presque aussi bas que la nervure antérieure. Les cannelures des côtés antérieur et postérieur y sont mieux marquées dans la partie supérieure du fût. Les lacunes d'émail entre les croissants sont sembla-

bles. La troisième, ou dernière arrière-molaire, est représentée Pl. V,
fig. 17-19, c'est une dent à trois lobes, sortant à peine de son alvéole
et que la détrition n'a point entamée. Elle offre une grande analogie
de forme et de structure avec l'analogue du bosélaphe probubale,
mais elle est sensiblement plus petite. Le lobule du sommet du lobe
antérieur en dedans est plus dégagé et se prolonge en nervure moins
rudimentaire ; mais cela tient sans doute à ce qu'elle n'est pas au-
tant usée que celle qui sert de comparaison. Le troisième lobe est
sensiblement plus étroit ; il est bordé en arrière par une nervure
obsolète à peine marquée, tandis que dans le probubalis il y a une
nervure épaissie en bourrelet.

J'ai pu étudier une pièce qui est formée d'un tronçon d'os mandibulaire portant les trois arrière-molaires en place ; mais ces dents
sont encroûtées partiellement de gangue. On a pu cependant voir que
les lacunes d'émail de la couronne sont identiques, que la troisième
arrière-molaire était, dans ses détails, absolument identique à la dernière dent décrite. Le sujet était encore assez jeune puisque les fûts
des colonnes dentaires ont encore une longueur de 4^{cm} dans leurs
alvéoles.

MENSURATION

Arrière-molaire supérieure, sa longueur antéro-postérieure.		0,022 ^{mm}
—	— épaisseur du lobe antérieur...	0,013
—	— épaisseur du lobe postérieur..	0,010
1re arrière-molaire inférieure, longueur..................		0,022
—	— épaisseur.................	0,012
2e arrière-molaire inférieure, longueur..................		0,023
—	— épaisseur.................	0,012
—	— longueur du fût...........	0,045
3e arrière-molaire inférieure, longueur au sommet.......		0,028
—	— longueur au milieu........	0,030

3ᵉ arrière-molaire inférieure, épaisseur.................. 0,011 ᵐᵐ
    —   —   longueur du 3ᵉ lobe 0,006
Portion de mandibule, espace occupé par les trois arrière-
    molaires au bord des alvéoles...................... 0,074
Longueur du fût..................................... 0,045
Épaisseur de l'os mandibulaire vers la 2ᵉ 0,020

Parmi les autres débris qui ont été recueillis dans les cavernes de Bougie et qui pourraient avoir appartenu au *Boselaphus saldensis*, nous n'avons à citer qu'un **calcaneum** mutilé qui a été décrit comme ayant appartenu au probubalis et en réalité l'attribution à l'un ou à l'autre de ces types reste ambiguë. Le gisement seul peut entraîner la décision et ce serait alors au saldense qu'il faudrait l'attribuer. Un grand tronçon de corne montre la forme générale des bosélaphes, mais il est trop encroûté pour pouvoir être comparé. Une extrémité d'une autre corne présente quelque différence peu importante.

En résumé j'ai constaté entre le fossile de Bougie et le bosélaphe probubale une grande analogie de formes dans le système dentaire, qui pourraient entraîner à le considérer comme une variété notable, ou comme une espèce affine, si des découvertes ultérieures nous procurent des renseignements anatomiques nouveaux. En l'état je ne pense pas qu'il y ait lieu de les confondre absolument.

BOSELAPHUS AMBIGUUS

BOSÉLAPHE INCERTAIN

C'est avec quelque réserve que je classe, sous ce chef, un animal dont tous les débris que je connais proviennent du gisement de Ter- nifine et indiquent un type ayant quelque affinité avec les bubalis.

LES DENTS

Je ne possède qu'une seule arrière-molaire supérieure qui est la troisième ou dernière. Cette dent, Pl. V, fig. 1-4, a une certaine res- semblance avec la correspondante des ovidés, par sa forme prisma- tique, sans colonnette ou pointe accessoire interlobaire. Les nervures en W de la face externe sont fortes et bien saillantes, mais la nervure postérieure est moins rejetée en arrière, plus massive et saillante et porte en arrière une arête comprimée ; large à l'origine, s'oblitérant du côté de la couronne, séparée de la nervure elle-même par un petit pli en sillon très net. En dedans de cette saillie est une forte gout- tière postérieure, limitée en dedans par une côte arrondie, obtuse, suivie intérieurement d'une cannelure subangulaire, régnant tout le long du fût.

Entre les nervures extérieures, la muraille présente deux lobes en côtes convexes, tandis qu'elles sont presque planes dans les ovidés. Les replis d'émail, entre les deux croissants des lobes à la couronne, au lieu d'être très étroits et presque en fente sont, au contraire, très ouverts, larges, obtus, ou même arrondis ou lobés à l'un ou à l'autre des bouts, et montrent le type des bosélaphes qu'il n'est pas possible de confondre avec celui des ovidés ; il y a même le petit îlot d'émail entre les deux lobes de la couronne. Il y a certainement une grande analogie avec la manière dont la dent analogue du *Boselaphus saldensis* se termine à son angle postérieur. Quoique dans celui-ci la nervure médiane soit beaucoup plus atténuée, moins pincée et moins saillante. Mais ici la face postérieure de la dent est oblique, plus effacée dans son angle postérieur interne, autrement construit, et les lacunes de la couronne sont aussi élargies, plus ou moins lobées à leurs bouts et conformes au type bosélaphe.

De la **mâchoire inférieure** je ne possède qu'une arrière-molaire, qui peut être la première ou la deuxième, ce qu'il n'est pas possible de déterminer. Elle est représentée Pl. IV, fig. 12 et 13 ; par ses lobes externes subcylindriques, profondément séparés par une étroite fissure sans colonnette ni pointe accessoire ; par la convexité également forte des piliers intérieurs et la forte dépression, qui sépare ces piliers et enfin par la disposition didyme de la couronne et les lacunes d'émail d'entre les croissants de cette couronne, élargies et en crochet obtus à leurs extrémités ; il ne peut rester aucun doute sur leur détermination et sur leur attribution au type bosélaphe ; l'émail de la surface est finement ridé et ne devait porter qu'une mince couche de cément. Ces deux dents sont beaucoup trop petites pour avoir appartenu à une des espèces connues ; elles indiquent un animal de la taille à peine de nos béliers. Nous ne connaissons pas malheureusement ses appendices frontaux.

MENSURATION

Diamètre antéro-postérieur de la molaire supérieure à la couronne... 0,019[mm]

Diamètre antéro-postérieur de la molaire supérieure pris au-dessus du collet.. 0,022

Diamètre antéro-postérieur de la molaire inférieure à la couronne 0,019

Diamètre transversal du premier lobe de la couronne..... 0,010

Parmi les nombreux objets qui m'ont été donnés en communication par M. Pallary, comme provenant des grottes d'Oran sous le n° 67, est une troisième arrière-molaire inférieure qui me paraît attribuable au bosélaphe ambigu. Elle est représentée Pl. VI, fig. 20 et 21 ; elle a trois lobes ; les deux antérieurs sont subcylindriques et à leur état de détrition assez avancé figurent les cylindres didymes, avec des lacunes d'entre les croissants tout-à-fait caractéristiques de bosélaphe, bien ouvertes, avec les cornes des croissants épaissies, obtuses et prolongées vers la muraille interne ; aucune colonnette ou pointe accessoire dans les sillons interlobaires. Le second lobe ne présente, en arrière, qu'une nervure marginale obsolète du côté du talon ; celui-ci est dans un plan peu avancé en dehors ; sa section est lenticulaire, peu amincie, non anguleuse ni bordée de nervure en arrière. Il y a, au côté antérieur, une cannelure bien marquée qui n'est qu'ébauchée dans le B. saldensis, dont la dent corrrespondante a une grande analogie, mais est plus grande.

MENSURATION

Largeur totale de la dent à la couronne.................. 0,027 ^{mm}

   —   des deux lobes antérieurs 0,020

   —   du troisième lobe sur le fût.................. 0,007

Je possède, de Palikao, en photographie, la figure d'une tête supérieure de **radius** que ses dimensions me portent à attribuer à la même espèce ; en effet la poulie radiale du bosélaphe probubale mesure 0^m050 de longueur, or la tête articulaire de notre radius n'a que 0^m040, et cette différence est du même ordre que celles présentées par d'autres ossements. Cette longueur de l'articulation comprend une fosse versant en dedans pour le condyle interne de l'humérus égale à 0^m025, l'extérieure à 0^m010 et elle est très étroite ; ce côté de la tête est fortement proéminent en dehors et l'étendue de la tête est de 0^m045. Le

tronçon du corps que nous avons observé a 0^m1 de longueur ; sa largeur à 0^m05 du bout articulaire à 0^m026, vers le bout du tronçon, il y
a 0^m028 ; l'épaisseur de la tête articulaire en dedans est de 0^m020,
celle de la portion de poulie externe est de 0^m011, et il y a, au bord
postérieur, une forte empreinte pour l'olécrâne du cubitus.

Je rapporte, à la même espèce, un **métacarpien** recueilli à Palikao
avec les pièces précédentes. Il est représenté Pl. X, fig. 6 à 8 ; c'est
un os grêle et long, très peu mutilé dans sa tête supérieure, qui était
bien adulte mais encore jeune, son épiphyse inférieure étant encore
incomplètement soudée. La tête supérieure est à peine épaissie,
arquée, convexe en avant, tronquée en arrière ; le corps de l'os est
en forme de demi-cylindre, régulièrement arrondi en avant, un peu
en gouttière en arrière jusqu'au-dessous du milieu, puis la gouttière
est remplacée par une côte avec sillon médian conservant sa largeur
et même presque son épaisseur dans toute sa longueur comme le
montrent les vues de face et de profil. La tête articulaire inférieure
seule s'étale assez brièvement pour porter les deux poulies, étroitement serrées et à gorges étroites, comme il convient à un animal de
montagne à sabots étroits. Il indique une forme très élancée propor-
tionnellement au volume des dents et cela sera confirmé par un tronçon de métatarsien qui sera décrit ci-après.

MENSURATION

Longueur totale mesurée extérieurement	0.200^{mm}
Largeur sous la tête supérieure	0,028
— au milieu de l'os	0,025
— en bas, au-dessus des poulies	0,020
— des poulies	0,035
Épaisseur des poulies	0,025
Intervalle des poulies	0,004

56

Le **tibia** est représenté par plusieurs tronçons plus ou moins réduits
dont on a représenté le moins mauvais Pl. IX, fig. 3 et 4. C'est,
d'après ce qui reste, un os presque tétragone, mais légèrement plus
épaissi du côté interne, où l'arête antérieure n'est pas encore entière-
ment effacée et montre les dernières rugosités. Vers le bord opposé
de la face antérieure, une arête très marquée s'éloigne un peu de ce
bord pour descendre vers un assez fort bourrelet tendineux en don-
dant en route une branche arquée, qui suit le bord jusqu'à la maléole.

A la face postérieure une crête médiane superficielle descend sur
le milieu de la face se rapprochant, du côté interne, d'une autre crête
plus anguleuse et les deux descendent à peu près parallèlement jusqu'à la maléole, tandis qu'une sorte de côte arrondie provient de
l'arête un peu déviée de l'angle externe et s'efface assez loin de la
poulie sur le milieu de la face postérieure. La partie la plus grêle et
la moins anguleuse de l'os est à 4 à 5 centimètres de l'articulation.
En somme, cet os est remarquable par la reproduction des crêtes et
arêtes si caractéristiques, que j'ai décrites chez le probubale et c'est
cette constatation qui a dissipé mes doutes sur cette attribution générique.

MENSURATION

Largeur au sommet du tronçon	0,026 ^{mm}
Épaisseur au même point	0,018
Plus petite largeur au milieu du tronçon	0,024
Plus petite épaisseur au même point	0,018
Largeur aux maléoles	0,040
Épaisseur aux maléoles	0,025
Distance du tubercule tendineux au bout inférieur	0,035
Largeur de l'articulation totale	0,033
— de la poulie astragalienne	0,025
Longueur des facettes péronéennes	0,018

L'**astragale**, s'articulant très bien avec le **tibia**, vient du même lieu, et a certainement appartenu à cet animal ; c'est un osselet un peu usé sur ses surfaces, que nous représentons Pl. VIII, fig. 12 ; sa description nous conduisant à des résultats comparatifs sans importance.

MENSURATION

Longueur extérieure de l'os	0,040 ^{mm}
— intérieure	0,038
Largeur de la poulie tibiale	0,025
— — cubo-scaphoïdienne	0.025
Largeur au milieu de l'os	0,022

Nous représentons, Pl. IX, fig. 5, 6 et 7, un **métatarsien** trouvé à Palikao ; sa tête supérieure est un peu dilatée ou plutôt épaissie, le corps est fortement comprimé latéralement ; il est très épais d'avant en arrière, surtout intérieurement, présentant une section subquadrangulaire sur une grande longueur. Un sillon règne sur toute la face antérieure. Vers le bas l'os s'atténue beaucoup, puis s'élargit un peu pour donner naissance aux poulies phalangiennes. Celles-ci paraissent avoir été tronquées très près des épiphyses. La face postérieure est subplane.

Le profil montre un amincissement graduel jusqu'auprès de cette extrémité qui paraît être celle de la diaphyse, puis la section s'arrondit sensiblement et c'est dans le sens transversal que se produit une assez longue et graduelle dilatation. Ce métatarsien concorde très bien avec le métacarpien décrit ci-dessus et les deux ont probablement appartenu au même sujet. Ils indiquent une gracilité remarquable que ne semblent pas atteindre les autres Bosélaphes.

La tête supérieure est très développée dans sa facette scaphoïdienne et porte en arrière une grande facette pour le cunéiforme ; la facette

8

en bordure est petite et suivie d'une autre très réduite. Aussi le côté interne de la tête proémine fortement en arrière du côté intérieur qui est plus large que l'extérieur sur une assez grande longueur. La face externe présente, à son angle antérieur, une forte cannelure descendant se perdre dans le sillon.

MENSURATION

Longueur de l'os, moins l'épiphyse inférieure............ 0,217^{mm}
Épaisseur interne de la tête......................... 0.030
    —   externe de la tête......................... 0,025
Épaisseur de l'os en haut........................... 0,029
    —   au $^1/_4$ supérieur 0,022
    —   à la moitié 0,018
    —   au $^3/_4$ inférieur 0,016
Largeur de la tête, devant........................... 0,020
    —   derrière 0,020
Largeur du corps, au milieu 0,018
    —   à l'épiphyse 0,022

REPRÉSENTATIONS RUPESTRES

BOSELAPHUS BUBALIS

Pl. XI, fig. 7, 8 et 9.

Les figures que nous attribuons au Bubalis sont loin d'être correctes et il suffira de comparer une représentation de ce dernier animal pour se convaincre des dissemblances ; cependant les fig. 7 et 8, par le développement de leur avant-train et la torsion des cornes ne peuvent guère être rapportées à autre chose, mais ne permettant pas de conclure à la représentation de l'espèce sur les rochers.

L'explication de la Pl. XI donne des indications suffisantes sur les autres dessins reproduits pour nous dispenser d'y insister ici.

CONCLUSIONS

Le sous-genre Connochœtes a été représenté aux temps quaternaires, en Berbérie, par une espèce bien distincte, dont on a sans doute des représentations sur les rochers des Ksours. Ce n'est pas le Catoblepas de Pline.

Le sous-genre Boselaphus, encore représenté en Berbérie par le bubalis, avait un autre représentant, spécifiquement différent dans la même région et y était en outre représenté par une sous-espèce ou une variété encore insuffisamment connue.

Enfin le même sous-genre nous a montré un type très bien caractérisé comme attribution générique, mais encore trop insuffisamment connue et surtout dans ses appendices frontaux pour ne pas éveiller l'attention de nos infatigables investigateurs des faunes quaternaires.

On peut donc inscrire à la nomenclature :

1° *Connochœtes prognu ;*
2° *Boselaphus probubalis ;*
3° *Boselaphus saldensis ;*
4° *Boselaphus ambiguus.*

TABLE ANALYTIQUE

EXPLICATION DES PLANCHES

EXPLICATION DES PLANCHES

BOSÉLAPHE — Pl. I

CONNOCHŒTES

Figure 1. C. gnu. — Série des molaires inférieures. — Copiée de M. Rutimeyer. G. N.
— 2. C. gnu. — 2e et 3e arrière-molaires supérieures G. N.; copiées de M. Rutimeyer.
— 3. C. prognu. — 2e et 3e arrière-molaires supérieures G. N. vues par la face interne; de Palikao.
— 4. Les mêmes dents, vues par la face interne.
— 5. Les mêmes dents, vues par la couronne.
— 6. 1re arrière molaire supérieure, vue par la face externe, G. N.; de Palikao.
— 7. La même dent, vue par la face interne.
— 8. La même, vue par la couronne.
— 9. 2e prémolaire supérieure, vue par la couronne, G. N.; de Palikao.
— 10. 2e arrière-molaire inférieure vue extérieurement, G. N.; de Palikao.
— 11. La même dent, vue intérieurement.
— 12. La même, vue par la couronne.
— 13. 1re arrière-molaire inférieure, très usée, vue intérieurement. G. N.; de Palikao.
— 14. La même, vue extérieurement.
— 15. La même, vue au bord antérieur.
— 16. La même, vue au bord postérieur.
— 17. La même, vue par la couronne.
— 18. 3e arrière-molaire inférieure, très usée, vue par la face interne renversée, G. N.; de Palikao.
— 19. La même dent, vue par la couronne.

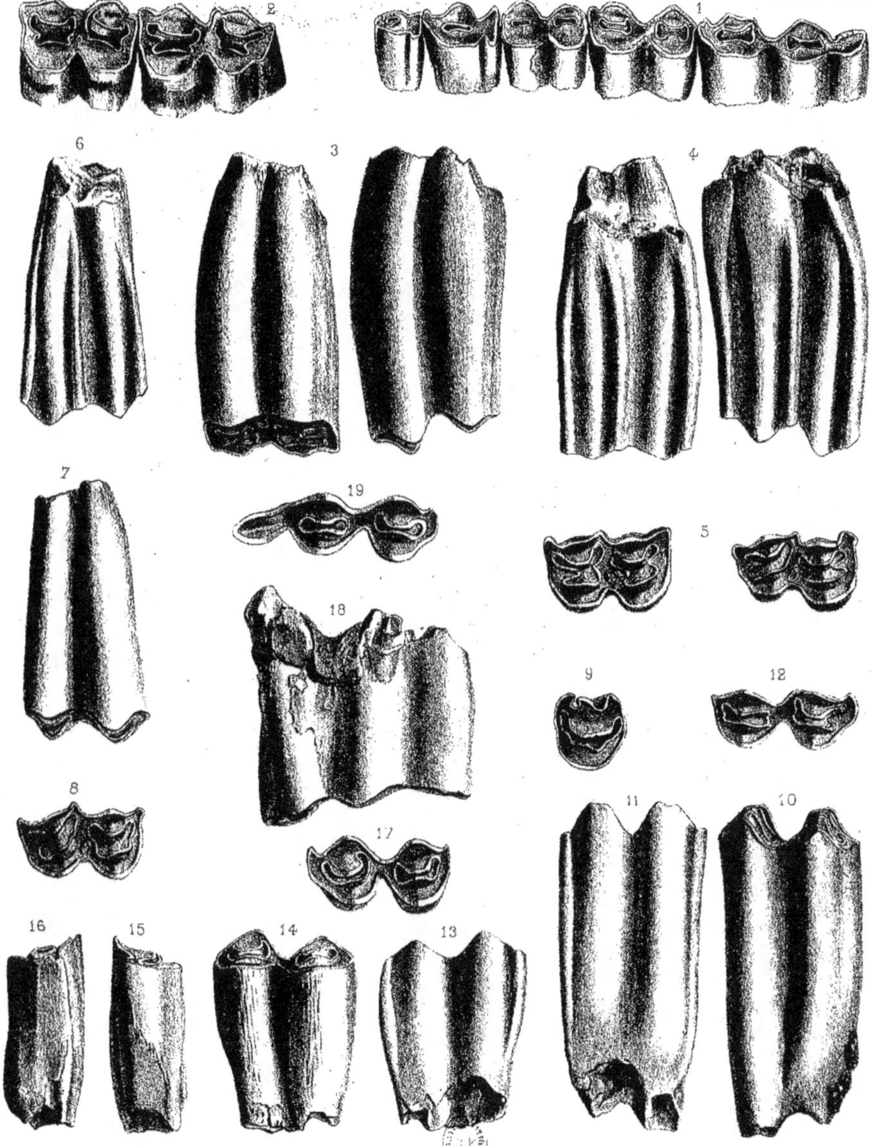

M. Ferrand del. et lith.

Imp Becquet fr. Paris.

EXPLICATION DES PLANCHES

BOSÉLAPHE — PL. II

S. G. CONNOCHŒTES PROGNU

Figure 1. Portion de maxillaire avec les quatre dernières molaires, vues extérieurement, G. N. Route de Guyotville, au kilom. 7,200, recueilli par M. Delage.

— 2. Portion de mandibule avec quatre dents postérieures, du même bloc. G. N.

— 3. Série des cinq dernières molaires inférieures ; la 1re prémolaire représentée par sa racine, vue extérieurement ; même bloc.

— 4. Dernière prémolaire et trois arrière-molaires supérieures, vues par la couronne ; même pièce que fig. 1.

— 5. Dernière molaire supérieure, vue extérieurement, G. N., provenant de la propriété Sabatéri, au Hamma.

— 6. La même dent, vue par la couronne.

— 7. 2e et 3e arrière-molaires inférieures, usées jusqu'à la racine, vues par la couronne, G. N. ; de Palikao.

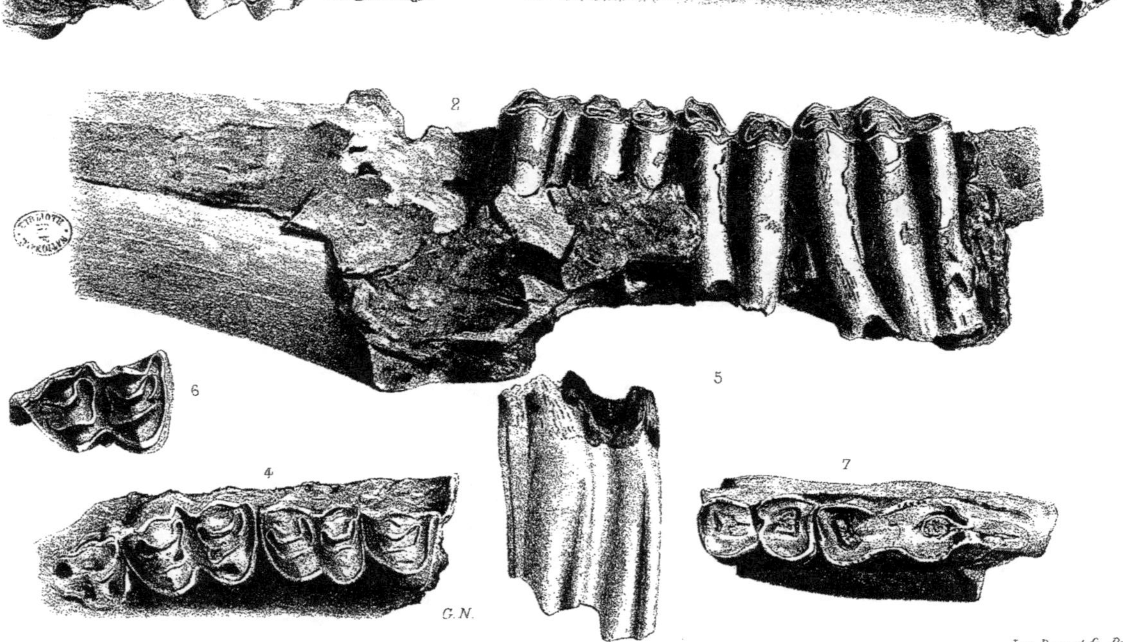

M. Ferrand del et lith.   Imp. Becquet. fr. Paris.

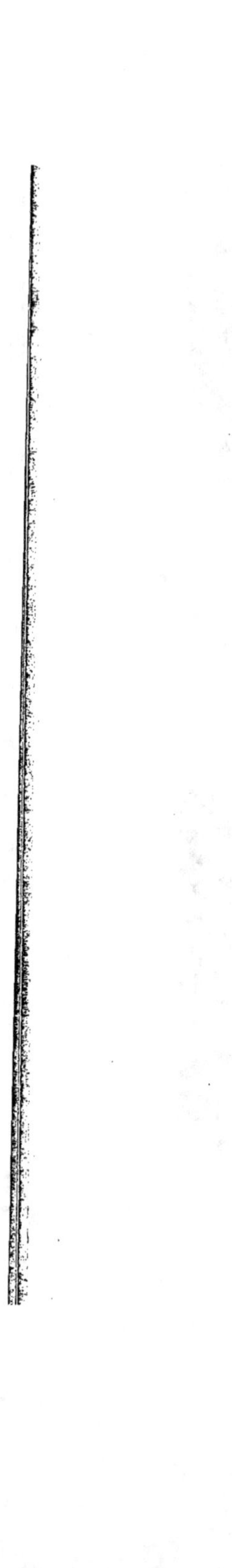

EXPLICATION DES PLANCHES

BOSÉLAPHE — Pl. III

S. G. CONNOCHŒTES PROGNU

Figure 1. Base de corne, vue par dessus, à $^1/_2$ de G. N.

— 2. La même, vue de profil, montrant sa compression, de Palikao, à $^1/_2$.

— 3. Portion supérieure de corne montrant les nodosités qui indiquent des bourrelets cornés, du même lieu et probablement du même sujet, à $^1/_2$.

— 4. La même, vue par dessus (au derrière), assez fortement cannelée, à $^1/_2$.

— 5. Sections à la même échelle, celle du bas prise sur la base de la corne, les trois autres sur le tronçon supérieur à trois équidistances.

— 6. Métatarsien, vu de face, de Palikao, aux $^3/_4$ de G. N.

— 7. Le même, vu de profil, à la même échelle.

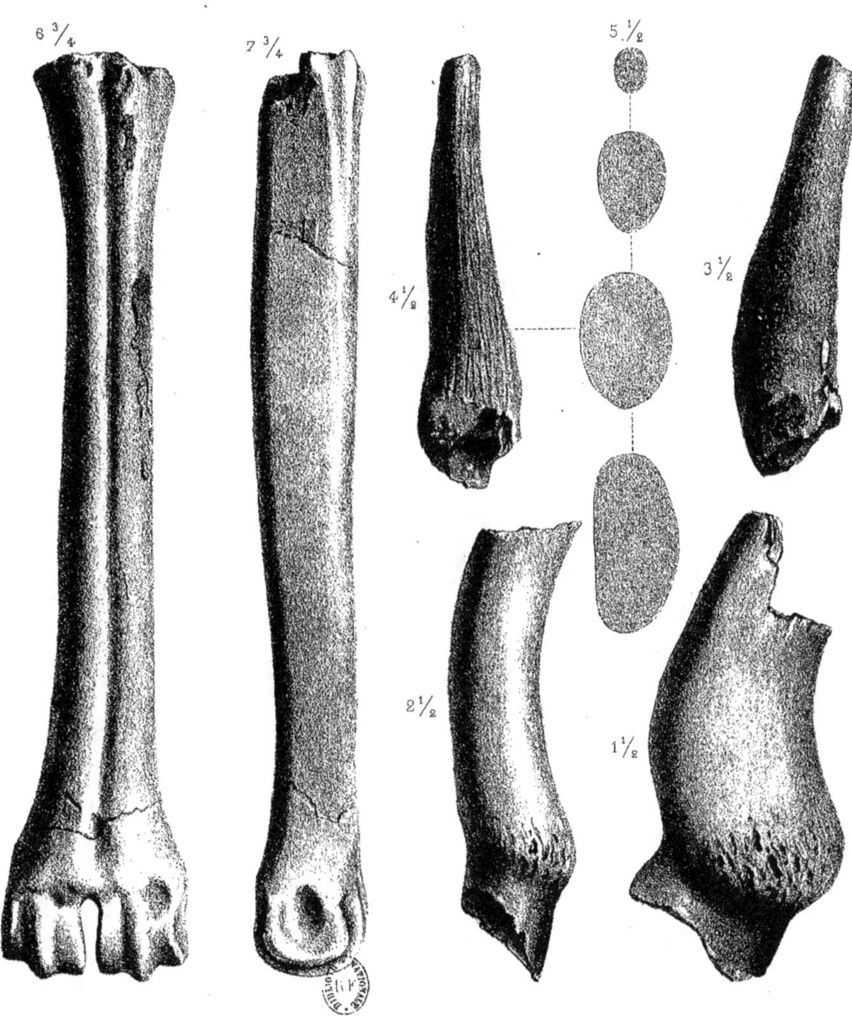
6 3/4
7 3/4
5.1/2
4 1/2
3 1/2
2 1/2
1 1/2

BOSÉLAPHE — PL. IV

BOSELAPHUS PROBUBALIS

Figure 1. Groupe d'une 3e avant-molaire et de deux arrrière-molaires en
série, vues par la face interne, G. N.; d'Aboukir.
— 2. Le même groupe, vu par la face externe.
— 3. La 2e molaire vue par la couronne.
— 4. La 1re molaire vue par la couronne.
— 5. La 3e prémolaire vue par la couronne.
— 6. 3e arrière-molaire supérieure vue par la face interne, G. N.;
de la grotte du Grand Rocher.
— 7. La même, vue par la couronne.
— 8. La même, vue par la face postérieure.
— 9. 2e arrière-molaire supérieure, vue par la face antérieure, G. N.;
d'Aboukir.
— 10. La même, vue par la face postérieure.
— 11. La même, vue par la couronne.

BOSELAPHUS AMBIGUUS

— 12. 1re ou 2e arrière-molaire inférieure, vue extérieurement, G. N.;
de Palikao.
— 13. La même, vue par la couronne.

BOSELAPHUS PROBUBALIS

— 14. Cornes vues de face, figure complétée par retournement. Le
sinus frontal a sa fosse ouverte par suite de cassure, à 1/2
de G. N.; d'Aboukir.
— 15. La même corne, vue de profil, montrant une ride un peu en
spirale, montrant sous le sommet et vers le bas une grande
portion de la cloison médiane qui sépare les deux grands
sinus, à 1/2 de G. N.

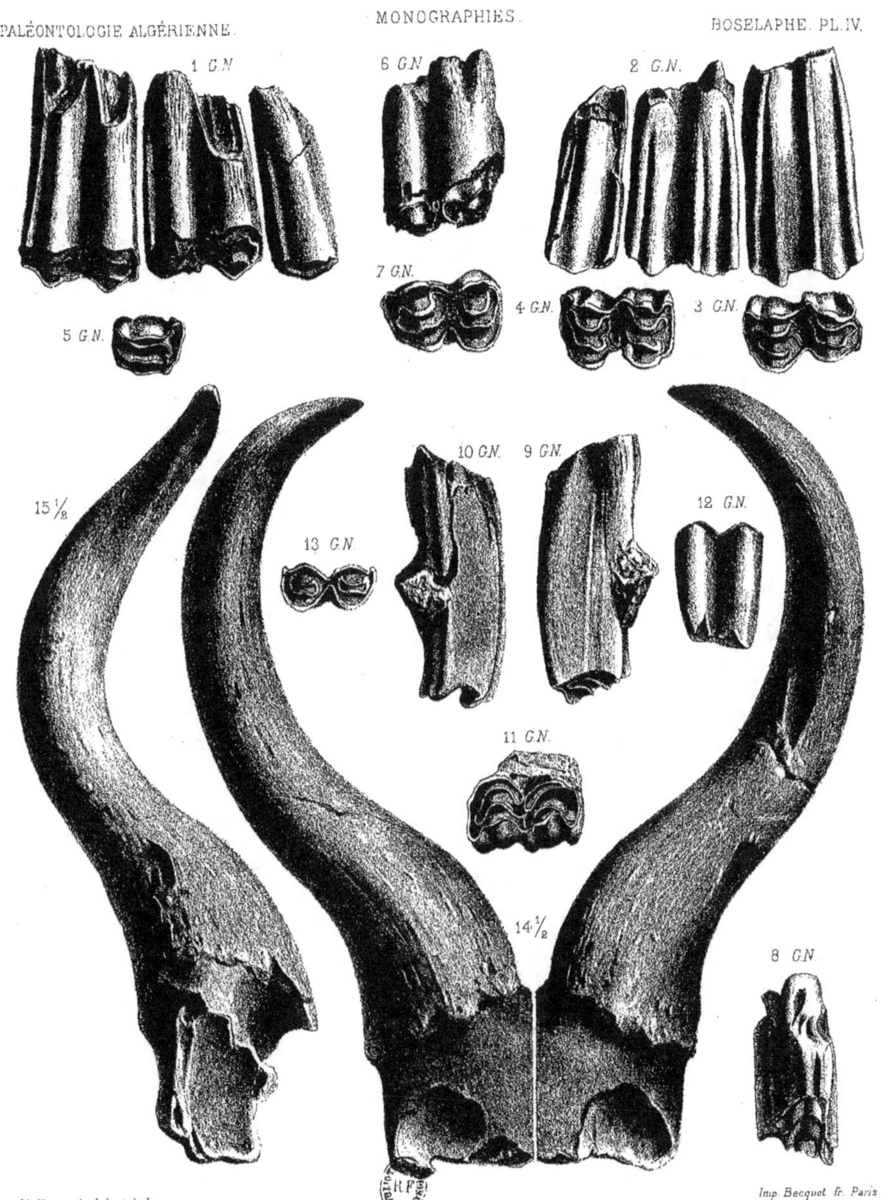
1 G.N.
6 G.N.
2 G.N.
7 G.N.
4 G.N.
3 G.N.
5 G.N.
15 ½
13 G.N.
10 G.N.
9 G.N.
12 G.N.
11 G.N.
14 ½
8 G.N.

EXPLICATION DES PLANCHES

BOSÉLAPHE — Pl. V

BOSELAPHUS PROBUBALIS

Figure 1. Cornes vues de face, complétées par retournement de l'image, à $^1/_2$ de G. N. ; de Aïn-Oumata, près les Trembles.
— 2. La même corne, vue de profil.

BOSELAPHUS SALDENSIS

— 3. 3e arrière-molaire supérieure, vue extérieurement, G. N. ; de Bougie.
— 4. La même, vue intérieurement.
— 5. La même, vue par le côté postérieur.
— 6. La même, vue par la couronne.
— 7. 2e arrière-molaire inférieure vue en dedans, G. N. ; de Bougie.
— 8. La même, vue par la face antérieure.
— 9. La même, vue par la couronne.
— 10. 1re arrière-molaire inférieure, vue par la face externe sur un morçeau de mandibule, G. N., de Bougie.
— 11. La même, vue par la couronne.
— 12. 2e arrière-molaire inférieure vue par la face externe, G. N., de Bougie.
— 13. La même dent, vue par la face interne.
— 14. La même, vue par la face postérieure.
— 15. La même, vue par la face antérieure.
— 16. La même, vue par la couronne.
— 17. 3e arrière-molaire inférieure, vue par la face externe, G. N. ; de Bougie.
— 18. La même, vue par la face intérieure.
— 19. La même, vue par la couronne.

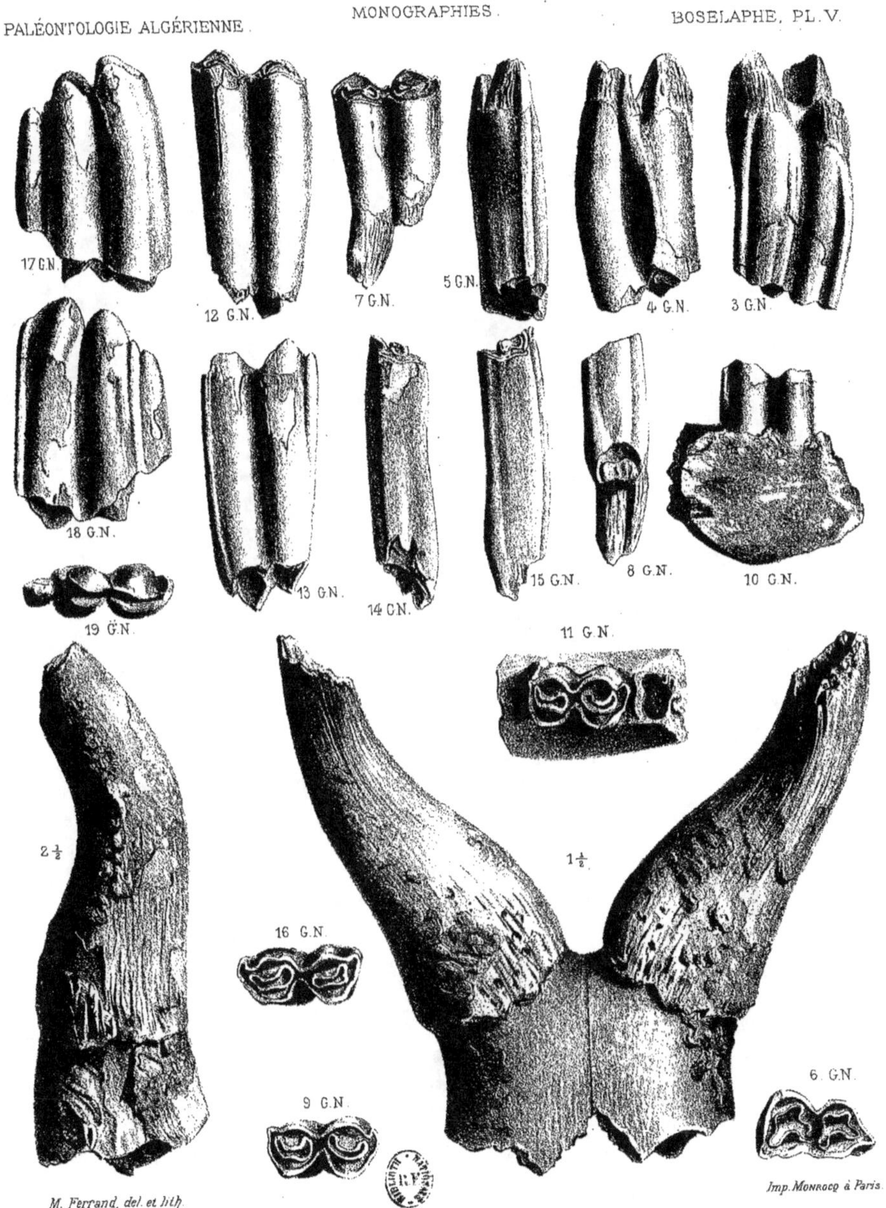
17 G.N.
12 G.N.
7 G.N.
5 G.N.
4 G.N.
3 G.N.
18 G.N.
13 G.N.
14 G.N.
15 G.N.
8 G.N.
10 G.N.
19 G.N.
11 G.N.
2 ½
1 ½
16 G.N.
9 G.N.
6 G.N.

EXPLICATION DES PLANCHES

BOSÉLAPHE — PL. VI

BOSELAPHUS PROBUBALIS

Figure 1. 1re ou 2e arrière-molaire supérieure vue intérieurement, G. N. ; Aboukir.
— 2. La même, vue extérieurement.
— 3. La même, vue par la couronne.
— 4. 1re arrière-molaire inférieure, vue en dehors, G. N. ; d'Aboukir.
— 5. La même, vue en dedans.
— 6. La même, vue postérieurement.
— 7. La même, vue par la couronne.
— 8. 3e arrière-molaire inférieure, vue par l'extérieur ; d'Aboukir.
— 9. La même, vue par la face interne.
— 10. La même, vue par la couronne.
— 11. 2e arrière-molaire inférieure vue extérieurement, G. N. ; d'Aboukir.
— 12. La même, vue intérieurement.
— 13. La même, vue par derrière.

BOSELAPHUS AMBIGUUS

— 14. Arrière-molaire supérieure, vue intérieurement, G. N. ; de Palikao.
— 15. La même, vue par la face externe.
— 16. La même, vue par le côté postérieur.
— 17. La même, vue par la couronne.
— 18. 3e molaire inférieure, vue par la face interne, G. N. ; grottes d'Oran.
— 19. La même, vue par la couronne.

BOSELAPHUS BUBALIS

— 20. Corne vue de face et son support frontal aux $^2/_3$ de G. N., provenant d'un sujet vivant reçu de M. le capitaine de St-Julien.
— 21. La même, vue de profil.

G.N. Sauf 20 et 21 ½.

EXPLICATION DES PLANCHES

BOSÉLAPHE — Pl. VII

BOSELAPHUS PROBUBALIS

Figure 1. Axis vu par la face postérieure, aux $^3/_4$ de G. N. ; d'Aboukir.
— 2. Le même, vu par la face antérieure.
— 3. Le même, vu par la face inférieure.
— 4. Le même, vu de profil.
— 5. Bassin, côté droit, vu obliquement vers la cavité cotyloïde, aux $^2/_3$ de G. N. ; du Grand Rocher.
— 6. Le même, vu de profil, côté droit.

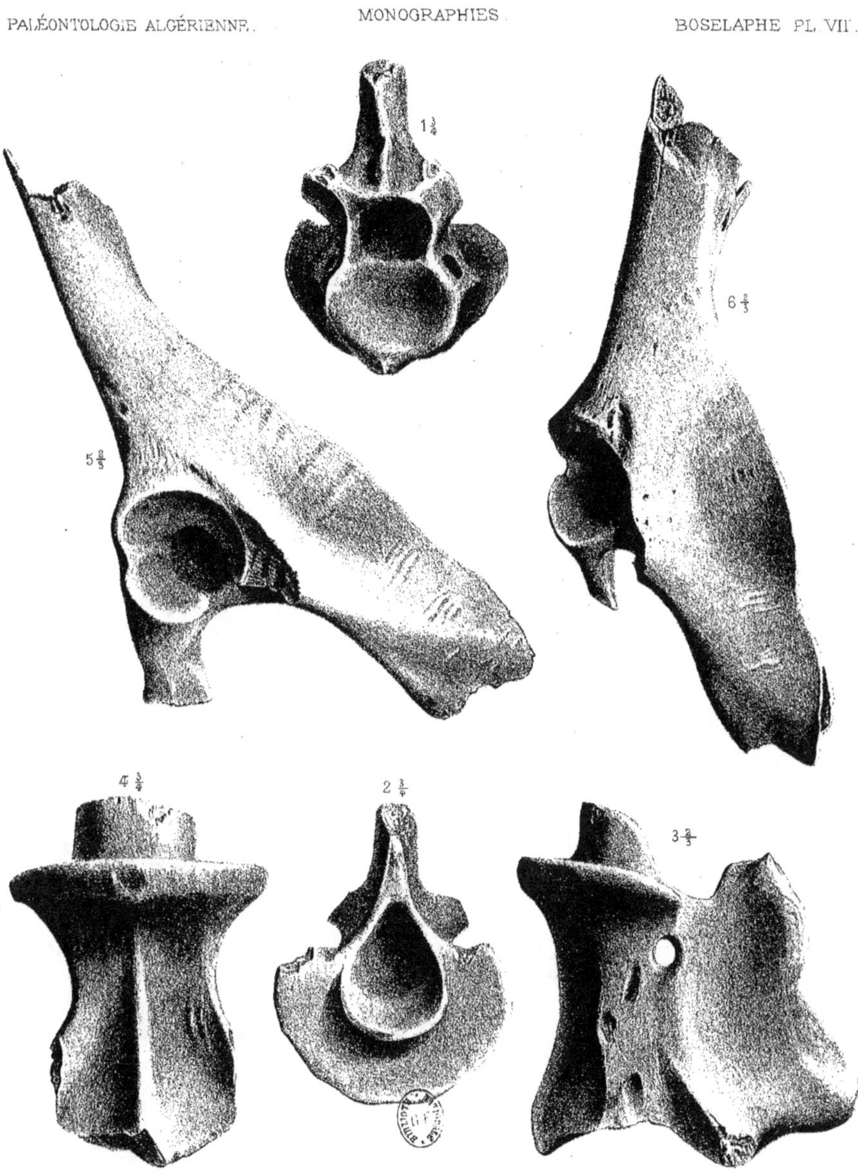

BOSÉLAPHE — Pl. VIII

BOSELAPHUS PROBUBALIS

Figure 1. Humérus, tête inférieure articulaire, G. N. ; d'Aboukir.
— 2. Fémur, tête articulaire inférieure, aux $^2/_3$; d'Aboukir.
— 3. Tibia, portion inférieure, vue par devant, G. N. ; d'Aboukir.
— 4. La même, vue par derrière.
— 5. La même, vue par la face articulaire.
— 6. Portion de calcaneum vu extérieurement, de G. N., provenant de la grotte de Bougie, probablement de B. saldensis.
— 7. Le même, vu de face.
— 8. Astragale droit, vu par devant, G. N. ; grottes d'Oran.
— 9. Le même, de profil, côté interne.

BOSELAPHUS AMBIGUUS

— 10. Tibia, moitié inférieure, vu par devant, G. N. ; Palikao.
— 11. Le même, articulation inférieure.
— 12. Astragale droit, vu par devant, G, N. ; Palikao.

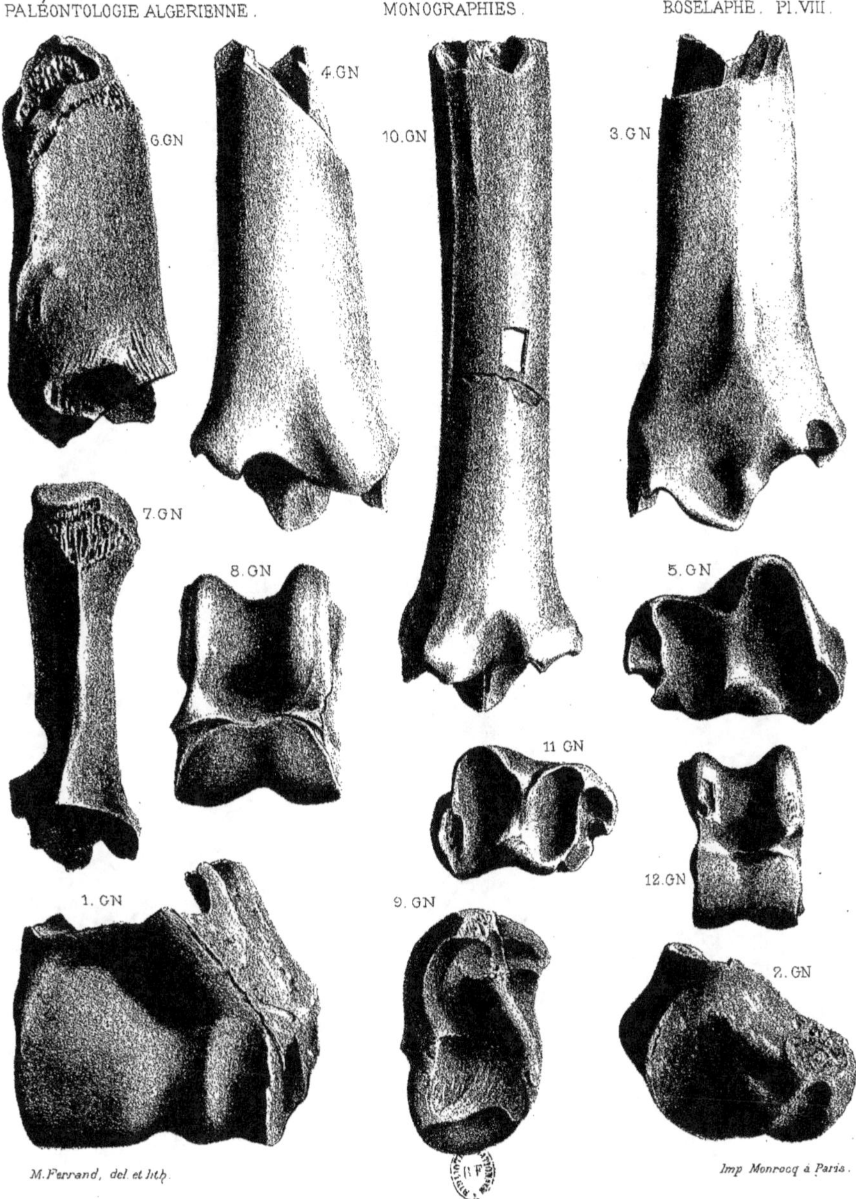
6.GN
4.GN
10.GN
3.GN
7.GN
8.GN
5.GN
11 GN
12.GN
1. GN
9. GN
2. GN

EXPLICATION DES PLANCHES

BOSÉLAPHE — Pl. IX

BOSELAPHUS PROBUBALIS

Figure 1. Fémur gauche, vu de face, mutilé aux deux bouts, aux $^2/_3$ de G. N. ; du Grand Rocher.
— 2. Le même, vu de profil.
— 3. Tibia vu de profil, mutilé aux deux bouts, aux $^2/_3$ de G. N. ; Grand Rocher.
— 4. Le même, vu par la face postérieure.

BOSELAPHUS AMBIGUUS

— 5. Métatarsien vu par derrière, aux $^2/_3$ de G. N., tronqué à l'épiphyse ; de Palikao,
— 6. Le même, vu de profil.
— 7. Le même, vu de face.

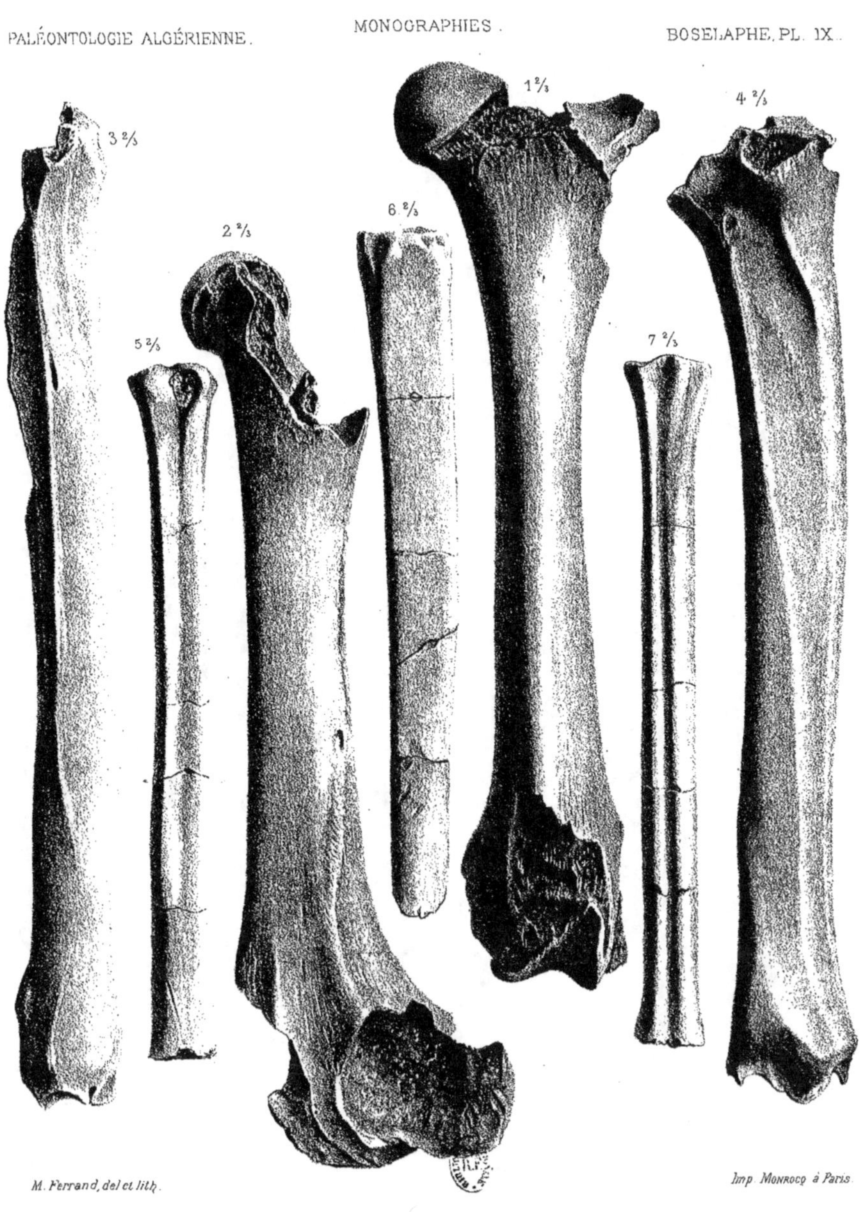
3 2/3
5 2/3
2 2/3
6 2/3
1 2/3
4 2/3
7 2/3

EXPLICATION DES PLANCHES

BOSÉLAPHE — PL. X

BOSELAPHUS PROBUBALIS

Figure 1. Métacarpien, aux $^3/_4$ de G. N., vu par devant ; d'Aboukir.
— 2. Le même, vu par derrière.
— 3. Le même, vu de profil.
— 4. Métacarpien vu de face, aux $^3/_4$ de G. N. ; du Grand Rocher.
— 5. Le même, vu de profil ; une partie de la surface postérieure a été enlevée pour en faire un outil ou rongée par le porc-épic.

BOSELAPHUS AMBIGUUS

— 6. Métacarpien, vu de face, aux $^3/_4$ de G. N. ; de Palikao.
— 7. Le même, vu par la face postérieure.
— 8. Le même, vu de profil.

5. 4. 8. 7. 6. 3. 2. 1.

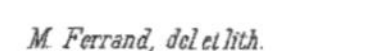

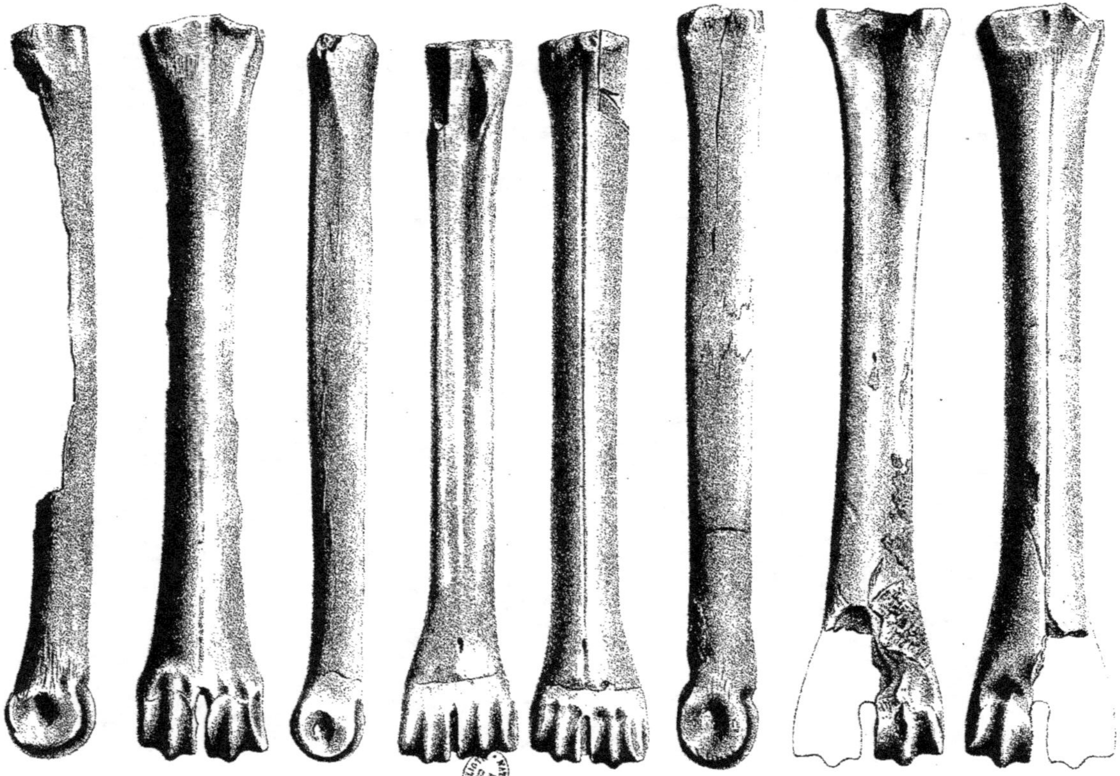

M. Ferrand, del et lith.

$\frac{3}{4}$.

Imp. Monrocq à Paris.

BOSÉLAPHE — Pl. XI

DESSINS RUPESTRES

Photographiés par M. Flamand.

Figure 1. Représentation d'un Connochœtes, peut-être le C. prognu, de Mograr et Tahtani ; $^1/_{40}$ de la sculpture.

— 2 Le Gnu reproduit de l'Encyclopédie de Chenu pour la comparaison.

— 3. Deux représentations probables d'un Connochœtes, dont la base de la corne paraît naître du bout du nez, de Hadjar-el-Kanga ; tirées de M. Vigneral.

— 4 et 5. Figures plus que naïves d'un animal pris pour un Connochœtes sans probabilité sérieuse ; de Tazina.

— 6. Représentation d'un prétendu Connochœtes, qui paraît plutôt appartenir au *Cervus pachygenys,* de Lahag-Aïn-Douis.

— 7 et 8. Deux dessins rupestres, qui ont eu probablement pour but de représenter le boselaphe bubalis avec son garot élevé et ses cornes tordues, de Aïn-Tazina.

— 9. Boselaphe bubalis, tiré de l'Encyclopédie de Chenu.

— 10. Représentation probable d'une biche ; de Mograr et Tahtani.

— 11. Représentation problématique par suite de difficulté d'interprétation de la tête ; Cervidés ? Hadj-Mimoun.